LOCUS

LOCUS

LOCUS

LOCUS

touch

對於變化，我們需要的不是觀察。而是接觸。

a *touch* book
Locus Publishing Company
11F, 25, Sec. 4, Nan-King East Road, Taipei, Taiwan
ISBN-13:978-986-7059-33-8 ISBN-10:986-7059-33-6
Chinese Language Edition

EXECUTIVE INTELLIGENCE
by Justin Menkes

August 2006, First Edition
Printed in Taiwan

主管智商
作者：賈斯汀・孟吉斯（Justin Menkes）
譯者：唐錦超
責任編輯：張碧芬　美術編輯：何萍萍
法律顧問：全理法律事務所董安丹律師
出版者：大塊文化出版股份有限公司　www.locuspublishing.com
臺北市105南京東路四段25號11樓　**讀者服務專線：0800-006689**
TEL:(02)8712-3898　FAX:(02)8712-3897
郵撥帳號：18955675　戶名：大塊文化出版股份有限公司

總經銷：大和書報圖書股份有限公司　地址：臺北縣五股工業區五工五路2號
TEL:(02)8990-2588（代表號）　FAX:(02)2290-1658
排版：天翼電腦排版印刷股份有限公司　製版：源耕印刷事業有限公司
初版一刷：2006年8月

定價：新台幣320元

touch

主管智商

精明的主管，頭腦是怎麼組成的？

主管智商顧問公司創辦人
Justin Menkes
唐錦超 譯

目錄

第二篇　主管人才何以難覓

第三篇　給主管打分數

序言　企業明星的正字標記

鍾彬嫻（Andrea Jung），一九七九年畢業於美國普林斯頓大學英國文學系。大學畢業後即服務於美國知名的布魯明戴百貨公司（Bloomingdale's），並參與該公司的經營管理培訓計畫。由於她在布魯明戴百貨公司的卓越工作表現，隨後使她能在美國美格林（I. Magnin）及尼曼—馬庫斯（Neiman-Marcus）等知名百貨公司，先後出任行政主管一職。直到一九九三年，美國雅芳化妝品公司向她頻頻招手，力邀她擔任該公司的市場行銷顧問，並肩負一項重大使命——致力推動雅芳的現代化。

雅芳從一八八七年成立之後便經營得十分成功，而且獲利甚豐。但到了一九九〇年代初期卻風光不再，市場上營運狀況急劇下滑。而根據該公司市場研究調查指出，此一持續性的嚴重問題，可能肇因於「雅芳」這個品牌，已被消費大眾普遍認定爲只有「祖母級」才會使用的「便宜」系列化妝品。

背負著社會大眾這項不利的認知以及銷售情況一路下滑的逆境，使得雅芳必須做出果決明顯的變革，以改善它的產品系列和品牌形象。其中最重要、同時也是最優先的動作，便是要與公司各地區銷售代表進行溝通、說明新策略，幫助他們充分了解並接受這些變革行動。打從雅芳成立以來，即標榜是一家「讓女人幫助女人更美麗」的公司。它所採取的直銷方式，主要是透過以兼職爲主的地區銷售人員，向她們的朋友和鄰居推銷公司產品。因此，若得不到各地地區銷售人員的支持，任何來自公司總部的變革措施都將會難逃失敗的命運。

鍾彬嫻深深了解自己所肩負的使命，應該要從哪裡開始做起。她必須幫助雅芳每一位銷售女傑充分了解並接受這些變革行動，以提昇該公司在市場上的品牌定位，但這可不是一件容易的事。因爲雖然公司市場占有率下滑，但是大多數的地方銷售女傑仍擁有不俗的銷售業績——這份業績及收入，正是她們家庭賴以維生的依靠。

而其中一項重大的產品變革措施，就是推出一系列全新的高價位香水產品，來取代原有的香水系列產品。針對這個問題，鍾彬嫻做出進一步的解釋：

「當我首度以行銷顧問的角色來到雅芳時，發現消費者市場調查研究報告指出，雅芳被消費者界定在『便宜』(cheap) 的定位上。此處所謂的『便宜』和『低價』(inexpensive) 是兩種完全不同的涵義。而根據研究調查顯示，我們的產品就在『便宜』和『低價』這兩種不同定位之間變得模糊不清。因此，我們必須扭轉這樣的形象問題。

當務之急，便是推出全新的高價位香水系列。雅芳的香水原本售價約在十至十二美元之間，而我們的營業員每年平均的銷售量也數以百萬計。如今我們推出的全新產品，售價則增加到十八點五美元。

但是政策一推出，卻立即遭到銷售人員消極抵抗的狂潮。雅芳所有的銷售女傑個個都憂心忡忡，因爲原來的香水在消費者心目中已經有一定的接受度，因此銷售人員有把握每年至少都有一定的業績，特別是在聖誕假期中更是如此；如今，新產品的價位太高，反而可能會讓她們因此賠上過去每一年在聖誕節期間都能賺到的可觀收入。不過話雖如此，公司還是需要她們踏出這一步，讓公司能邁向現代化的新里程。」

正當市場發展趨勢和相關研究調查報告一再對公司的經營管理階層發出警告，表示眼前所面臨的是個燙手山芋時，站在市場第一線的銷售人員實在很難相信，經營管理階層對於解決公司當前難題的答案，竟然是要她們停止銷售過去以來讓她們最依賴的系列產品。

結果，鍾彬嫻陷入了困境。她深切了解透過公司由上而下的強制命令來厲行實施變革，可能會帶來反效果，最後導致事與願違。而她所需要的，是讓這些在消費者面前代表雅芳美麗門面的銷售女傑能充分了解並接受變革的觀念及做法，否則，這項新策略在市場上成功的希望，將微乎其微。何況，新款香水產品的推出，只是雅芳進行類似產品改變的規畫系列中所踏出的第一步而已，因此備感步履維艱。

鍾彬嫻和她的工作團隊於是和雅芳各地地區銷售女傑會晤，試圖向她們解釋進行這些變革的必要性。不過，儘管她們提出精確的市場研究資料報告及數據分析，強調如果能將銷售的產品層次提高，收入亦將水漲船高，可是大家的反彈依然十分激烈。許多銷售人員更直斥這樣的做法簡直極其可怕，同時也無法理解爲何管理階層竟然會有這種打亂原有遊戲規則、剝削眾人利益的念頭。鍾彬嫻回憶當時的情況：

「看著屋內每張失望沮喪的臉孔，突然間我驚覺到眼前這些銷售女傑就像我們的每一位客戶一樣；畢竟把公司產品賣給她們親朋好友的，就是她們自己。因此，我隨即問她們一個簡單的問題：

『妳們有多少人眞正有在使用我們自己的香水呢？先不管妳們所賣出去的部分。請問，妳們眞的會使用我們公司自己的產品嗎？在各位比較過其他公司香水的不同品級之後，請問妳們會回心轉意，使用雅芳的香水嗎？』話一結束，屋內一片寂靜。

一旦我們以銷售人員可以理解的願景及期待，來向她們說明我們的立場與理由時，她們就能明白我們想做什麼、以及我們要這麼做的原因。這時她們必須面對一個事實，『即使是我們自己，也不以使用雅芳產品爲榮』。之所以要這麼做，就是讓大家了解推行公司新策略的必要性何在。

後來，我們聽到這些銷售人員開始會跟其他同事說，『我知道他們（管理階層）在做什麼』。這是我們獲得最重大的溝通成果，因爲支持這項新策略的力量之所以能夠逐漸擴散，主要原因即來自這些銷售人員；而且也只有靠她們，我們才能做得到。

從那一刻起，非但公司內部廣泛理解這項議題，同時我們這套健全的解決方案，也開始在公司上下貫徹實施。這可以說是一個重大的關鍵轉捩點。」

鍾彬嫻處理這件事情的手法，充分顯示出她確實是一位擁有超凡能力的人才，她的才華絕不會在雅芳的高階中被埋沒。也就是這一份讓鍾彬嫻最後成爲焦點人物的「**高度卓越思考能力**」(highly skilled thinking)，讓她在加入雅芳之後的短短六年，就成爲全球雅芳集團執行長。鍾彬嫻在一九九九年接掌雅芳之後，業績便從五十三億美元攀升到八十億美元，巨幅成長了百分之四十五，而公司股票面值亦出現百分之一百六十四的成長。其後連續五年間，雅芳一直維持兩位數的高成長率，二〇〇二到二〇〇五年間的獲利成長率，更高達百分之二十五。雅芳營運策略的變革，不但效果明顯，而且令人印象深刻。

鍾彬嫻不僅成爲全球最受推崇的企業執行長之一，而且更成爲奇異公司董事會及所羅門美邦證券全球諮詢委員會的主要成員。而她所擁有清晰敏銳的獨特思考能力，更讓每一位在她身邊的人，都能輕易地感受得到。不過，令人訝異的是，她既不曾上過任何商學院，也沒有接受過任何傳統的企業管理訓練。到底是什麼原因讓鍾彬嫻和其他與眾不同的企業領袖，都能擁有如此閃耀出色、與生俱來的「生意頭腦」(business acumen)？這些人很明顯地都具備一種珍貴罕見的「智商」，而這份智商就深藏於這些明星企業領袖的管理核心之中。本書所要分析探討的，就是這個「智商」。

芭芭拉的啓示

他所說的都那麼有意義、有道理，而且坦率誠懇。發現到像他這種人實在是彌足珍貴。

——二〇〇二年華倫・巴菲特對吉列公司執行長詹姆・契爾茲的評論

在我職場生涯初期，服務於一家知名的國際企業管理顧問公司，參與一項大型的市場研究調查計畫。當時我只不過是一名外聘顧問，而我隸屬的工作團隊共有八名工作夥伴和助理，他們每一位都是頂尖大學的畢業生。

做爲這團隊的「客觀的觀察者」(objective observer)，我很快的掌握到其中某位成員所提出最棒的看法和做法；在這兒，容我管她叫做芭芭拉。她是唯一的女性人員，在當時她並不是團隊中最積極、最有魅力的人，然而她總是以特別清晰的敏銳度，一再看出什麼才是應該著手的工作，以及進行這些工作的最佳方法。

由於她那種不太積極的個性，使得她通常都不被認定能對團隊做出什麼最好的貢獻，但是，即使是最不經意的旁觀者，也看得出團隊中提出最佳創見的往往就是她。

芭芭拉的學經歷不過和其他團隊成員相當，顯而易見的她擁有一種與眾不同的「智商」特質，而這特質是無法從學歷或學位來界定的。她跟同事們畢竟都畢業於地位崇高的學術名門。但在八個團隊成員中，最常針對各項問題提出解答的，偏偏是她。

觀察到這個事實讓我困擾不已；因爲不管怎麼說，每一家企業都以僱用系出名門的人才爲傲，那麼爲何竟然會有這樣一位洞察力比別人更突出的異類出現？我跑去請教我的老師麥可・斯克里文（Michael Scriven），他從事學術研究已逾五十年之久。當我滿懷興奮、活靈活現地向他訴說自己「發現」這個奇妙現象時，他微微一笑：「你現在才注意到啊？」

斯克里文老師解釋，這種能力不但早已廣爲人知、而且被讚賞有加已經幾十年了，當他講到後來，看到我臉上堆滿原以爲是驚奇大發現，不料卻早已廣爲周知的失望神情時，他提供我一個具有重大鼓舞的提示。他說：「賈斯汀，在你之前已有很多人研究這個議題，但是我想還是會有些空間讓你去找出一些新的發現。所以你應該朝向一個跟別人研究方向不同的題材來進行，嗯，我建議你不妨考慮像芭芭拉這樣的角色，擁有哪些『批判性思考』和『智商』這兩方面的特質。」

因此，我便開始研究批判性思考和智商這兩種個人特質，和它們在商業決策中所扮演的角色。不久之後，斯克里文老師的提示眞是讓我十分驚訝，因爲我發現，幾乎沒有一位研究學者曾經嘗試去了解「智商」的某些層面，在我要研究的領域能提供什麼解答。

決定企業向上或向下的人

詹姆·柯林斯是世界上最具影響力的企業研究工作者和評論家，他稱許這些具有特定「智商」的人爲「對的人」(right people)，而傑克·威爾許，這位可說是二十世紀最成功的企業執行長，則把他們稱爲「閃耀明星」，還有管理大師彼得·杜拉克，更把他們描繪成「出色的經營管理者」(masterful conductors)。這些專家都認爲，就是這些人決定了企業向上提昇或向下沉淪。

然而，到底是什麼使這些「明星」主管如此有效能？

如果可以及早知道的話，我們就能在茫茫人群中辨識出具有這些特質的人，而且更重要的是，我們就能自我學習發展這些特質了。

問題是，至今還沒有人能夠精準地判斷出**「使人成爲出色的經營管理者」的基本特質是什麼？**

數不清的書籍跟專家都試圖回答這個問題。在不同時代裡，我們被告知經營管理能夠成功的祕訣，不外乎是擁有這些能力：領導力、預見變革、具企業家精神、打破舊規則、擅於溝通、有同情心、知道如何彌補自己的弱點、促進多元化、眞情投入、激勵團隊合作、使同仁步伐一致、引進創新、落實注重公司內部開發精神、後勤管理、行銷能力、主宰企業價值鏈模式、發揮員工所長、員工優先、客戶優先（比員工更優先）、擇善固執、激發忠誠度的領導力、灌輸價值理念、溝通願景……等，但這些只不過是一小部分而已！

這些長長的清單列出來只不過讓人大腦感到痲木，無法說明這些人成功的核心價值。而最後結果是，當我們在界定眞正構成卓越領導的要素時，以上這些理論反而會成爲困擾。因此，如果我們要有效的用「對的人」擔任主管職位，或我們也希望自己能成爲「對的人」其中一份子時，我們都需要去發現一切能使某人成爲「閃耀明星」的關鍵要素。

因此我們相信必然有些人在認知上的特質，決定了他擔任主管職務的成敗，而這些特質就是形成一種智商新理論的基礎；它並不是指決定學業成績良窳的那種智商，而是指商業環境特別需要的特殊認知能力。我們稱之爲「主管智商」（Executive Intelligence）的新理論。（編按：intelligence 原指智慧或智能，爲了表示它是一種可評量的指標，故以智商稱之。）

關於主管智商這個理論，本書要做的工作有以下數項：

◎介紹頂尖企業主管具有哪些與眾不同的認知能力

◎針對專家忽視這些重要能力，反而提供企業界大量無法甄別眞正企業人才的理論與方法，提出最嚴正的批判

◎揭示如何評量「主管智商」

◎分析如何教導及培育「主管智商」

透過一系列實驗研究，再加上專訪全球最傑出的企業領導人，本書將呈現一個針對在尋找跟培育「對的人」這個觀念上，極具價值的全新見解——而這實際上就是這些明星主管和一般人不同的區隔所在。

適合企業界的智商評量

從很多方面來說，這本書無疑是對現存管理科學的一項譴責，而我也是這管理科學界的一份子。管理科學的職責是要找出最佳的領導作爲，不過這龐大的領域中卻反而充斥著流行一時、未經實證的觀念。

如同我們會在本書看到的，研究工作者花了很多時間沉迷於一些特性的研究，像是個性和作風，而這些和「主管如何確實把自己工作做到最好」只有些許間接關連而已。例如，頗得人緣或是眾望所歸的領導者，雖然可能是個容易相處的人，但是這些特性和他們做出「正確決策和行動」的能力毫無相關。事實的眞相是，每位經理人的基本職責和能力的發揮，大多都取決於他們「智商」的程度上。因此，評估和培養這種能力就必須成爲領導力研究的一項基本核心。

然而，到目前爲止，儘管「智商是決定成功的關鍵因素」這一點已是無庸置疑，我們卻也沒有在聘雇和訓練人員時，傾全力去確認我們所找到的人才是不是具有聰明才智。我們可以爭論一個人的成果表現有多少百分比是由聰明才智來決定，但從來沒有人認眞地質疑聰明才智（即處理事情的智力）在一個人的管理工作上，是否同樣也是關鍵性的決定因素。

事實上，即使是並非專為評量商業智慧而設計的各種智商測驗，仍舊是目前預測成功經營管理最精準的方法之一。

研究發現，進行十二分鐘的智商測驗，用以預估受訪者的工作績效，效果相當於進行二個小時的面談；很明顯的，智商測驗可以成功測量出一些重要指標。這個事實已被證實，再而在二〇〇四年，美國愛荷華州立大學法蘭克・舒密特教授（Frank Schmidt）和密西根州立大學約翰・杭特教授（John Hunter）這兩位學者所發表的報告裡，更將智商測驗本身的預測能力，和其他評量方法作出分析。在這研究報告中，共有五百一十五個獨立研究個案，研究對象逾十萬位僱員，他們認爲以智商測驗來預測工作績效，較以其他任何能力、特質或個性，甚至是工作經驗來預測工作績效都來得好。

智商測驗不斷被證實爲預測工作績效最有效的方法。

此外，研究報告中更指出隨著工作複雜性增加，這類測驗的預測有效性也會相對提高。因此，就管理位階的人來說，他們都被視爲是公司中最複雜的一群人，也證明了智商測驗是預測成功最有力的重要指標之一。

不過，至今還沒有人確定是什麼使智商測驗如此有效，也沒有人再根據這項理解，使它成爲主管智商理論的基礎。無可否認，經理人也需要具備其他特質。雖然有些人在接受智商測驗後，被評定爲擁有如天才般的高智商，但這並不足以使他成爲財星五百大的執行長。

然而我們也不應漠視以下這個事實，那就是這些主管在領導公司時，靠的不是握有的權力，他們憑藉的是自己的頭腦才智。如果在職場上沒有必要的智商的話，這位領導人成功機會微乎其微。

時至今日，我們在聘昇人員之前，也沒有去測量他們的智商。其中原因不難理解，因爲我們始終都沒有一套針對主管而設計的認知能力測驗。即使智商測驗具有許多有效的預測性，但是這些工具對現代經理人而言，還是有不少缺點。

例如，我們很難看到和職場工作直接相關的問題；像是智商測驗中「人類之於大猩猩，如同蝴蝶之於哪種昆蟲？」這問題，它就完全和主管實際面對的任何決策都毫不相干。

再者，很多研究工作者更常常質疑這些傳統智商測驗的正確性，因爲他們認爲其中存有不少偏見和瑕疵——像是種族、性別或經濟背景——，並不能準確地反映出受試者所擁有的智商。

如果拿傳統的智商測驗來對專業人士進行評估，確實有著不少限制和束縛，這使得智商測驗無法成爲審視主管智商的工具。更進一步，智商測驗向來有所爭議，這也抑制了領導力專家拿它來了解問題、學習教訓的意願。這讓我們落入桎梏：企業界需要一個能夠界定和培育領導人才的評量工具，但目前卻沒有這樣的工具，來確認哪些人具有出人頭地的聰明才智，進而獲得企業大力栽培。

不過，我們在這本書裡面並不是以完全不同的方向來改善智商測驗的各種問題。相對的，我們嘗試用發自內心的感受去面對領導力這個議題（例如，領導人應該是很有魅力或讓人喜歡的），又或是使用「情緒智商測驗工具」(emotional intelligence measures)，去界定杜拉克口中所說的「出色的經營管理者」到底在哪裡。

要解決評量工具缺乏的問題，我們必須把「智商」這個概念重新塑造成企業界易於接受的型態，將它引進企業中。這就是我們提出「主管智商」這項主張的生命力所在。也即是說，我們不再繼續使用那套原本爲測試學童學習潛能而設計的傳統智商測驗，取而代之的是，我要發展一套適合企業使用的智商新理論——一個能準確試測經理人的認知優缺點的評量工具。

「主管智商」能提供一個測試的標準，針對「商業上的聰明才智」這個績效表現的關鍵要素，來進行個人之間的比較。更重要的是，這個理論釐清了一些明確的才能，可以促使經理人不斷作出「對的」決策和行動。界定和理解這些基本技能，更提供我們一個大好機會，讓自己或其他人得以改善這些技能。

第一篇
什麼是優秀的主管？

1
主管的有效行動
展現商業精明頭腦

今日的職場人士，
如果個人特質中缺乏獨特的「商業精明頭腦」
就不可能成爲明星級的主管，
我們把這種特質稱之爲「主管智商」。
在探詢主管智商根源的過程中，
每個步驟都包含了「智商」這項特質。
藉著探索和界定主管智商，
有助我們確認其他人身上是否有它的存在，
並且在眾人當中將之找出並加以培育。

揭開神祕面紗

今日的職場人士，如果個人特質中缺乏獨特的「商業精明頭腦」（Business Smarts），就不可能成為明星級的主管，我們把這種特質稱之為「主管智商」。

從歷史角度來看，關於「商業精明頭腦」這個用詞的解釋，有點類似「無禮卑劣」那樣。美國最高法院法官波特・斯圖爾特（Potter Stewart）曾說，當他被要求解釋這名詞時，他做出以下說明：「雖然我無法告訴你它指的是什麼，但當我看到它時，我就知道。」

如今我們依然會隱約看到這個有關「智商」的解釋，在每一天各種情況下都會出現，如同接下來我們提出的案例。

一輛大卡車卡在天橋下，消防大隊和拖車司機試圖把它拖離現場。但是不管怎樣努力，大卡車依舊紋風不動，造成大塞車。一位受困車陣中的乘客怒氣沖沖的質問消防大隊隊長：「你們為什麼拖不動這大卡車啊？」，隊長很不耐煩的回答：「天橋高度不夠高啦，所以卡車完全被卡住，要把它拖出來實在有困難。」

接著這位乘客就說：「我想，最主要的問題是卡車的高度本來就通不過這天橋吧，」消防大隊隊長回答：「沒錯！不過這只是另一種說法罷了。」這時該乘客便指出：「我想說的是，爲什麼你不把大卡車的全部輪胎都放氣，使卡車高度降低咧……」。十分鐘後，大卡車順利拖出橋底，交通也回復正常。

像這位乘客腦袋裡的邏輯，通常會出現在一些聰明絕頂的觀察者身上——一個神機妙算就產生令人印象深刻的成果。但是成果本身的呈現無法使我們了解這成果是如何達成。也即是說，如果你不知道該絕妙謀略是如何形成，你就無法學到其中要領，或將之傳授他人。

爲了創造出對於解說「商業精明頭腦」概念有用的見解，我們必須回到原點，找出該絕妙謀略是如何形成的。而且，要學習發展這種特質，需要一個一致的、可信賴的方法，去測量這種「智商」，確保企業各項決策責任交付到最能妥善處理的人手中。

那麼該如何界定「主管智商」？簡單來說，它是一個清晰明確的特質群組，個人必須有能力在三大核心領域上展現自己的實力，這三個領域分別是：

一、實現並完成工作

二、與他人共事或獲得他人合作

三、自我評估與作出調整

在工作上，主管通常都會不斷追求一大堆目標。他們必須決定哪些工作需要完成、如何適當下達命令，如何讓工作做到最好。同時他們必須努力不懈，與其他人合作，想盡辦法達成目標。此外，他們更必須主動進行自我評估，承認自己的錯誤，作出必要的調整，修正各種缺點。

在這三大核心領域愈精明熟練的人，就表示他的「主管智商」愈高。很明顯的，「主管智商」並不只是個別的能力或獨特技巧。相對的，它是一個集各種重要特質的混合體，引導個人決策過程和行為模式。

雖然「主管智商」的根本和「批判性思考」的內涵一致，但它卻不單指和後者有關的「抽象邏輯」和「推理技巧」。「主管智商」反而應該視為能不斷延伸和應用的「批判性思考」型式；特別是個人如何熟練使用適當的資訊，作為自己思想和行動的指導方針。

「主管智商」其實是滲入每一個經營管理工作領域之中的。而接下來一項嚴謹的研究將揭露構成精明主管行為的相關技能。

就某種意義來說，「主管智商」理論是要揭開那些與眾不同領導力傑出表現背後的「魔法」。我們會在接下來的章節中深入探討「主管智商」的三大領域——工作、他人和他自己本身。而接下來的案例也將會提供你「主管智商」在企業扮演重大角色的獨特看法。

現實生活中的主管智商——完成工作

大部分企業主管在作出最好決策時，你認爲他們都展現了「主管智商」嗎？再想想看。當必須把工作完成時，大多企業主管缺乏「主管智商」，無疑是相當普遍的問題，同時這項缺乏也必須爲部分企業的挫敗負完全責任。以下是一個眞實案例：

一九八〇年代通用汽車面臨十分嚴重的勞資關係問題。當時罷工事件不斷上演，再加上工會職工薪資大幅攀升，遂使通用汽車的獲利率重挫。同時，受到商品物美價廉的日本廠商競爭，美國製造業的市場占有率也隨之下降。面對這個險峻局面，通用汽車執行長羅傑・史密斯（Roger Smith）斷然決定頑抗到底。他沒有屈服於通用汽車競爭地位遭到長期侵蝕的問題，相對的，他決定改變通用汽車原有生產製造的方式。史密斯深信採用最新的機械技術，將可取代通用汽車工廠雇用的大量人力。而他也認爲透過這個解決方案，可以一併解決勞資關係和提昇生產效率的問題。

然而，到了一九八〇年代後期，通用汽車在生產自動化的決策上總共花費了四百五十億美元——這筆金額在當時已足夠買下豐田和日產這兩家汽車公司——隨著生產自動化政策實施，通用汽車的市場占有率和生產力都逐年下降。

爲什麼這項看似相當合乎邏輯的解決方案會如此失敗?史密斯在分析這項決策時，很明顯的嚴重缺乏了「主管智商」。首先，他沒有想到面對勞工高薪資等問題時，只依賴機械自動化是無法使原有問題減少的。用「主管智商」這個術語來說，他吝於去質疑自己所設下的「基本假設」:即機械自動化就等同便宜的汽車。甚至只要瀏覽一下相關數據，就可以知道這些機械設備所需經費十分巨大，而且也需要雇用不少專業高級技術人員。第二，他也沒有研判過這項解決方案將會有哪些「意外結果」:即機械自動化將使企業本身嚴重失去彈性，限制了改變生產線的能力。

後來當汽車工業資深主管羅伯・魯茲（Robert Lutz）重新檢視這項議題時，他強調解決通用汽車生產力最好的方法，應該採取把勞工和機械各自的價值提高到極致的整體策略。現在我們看看另一位執行長是如何面對自己公司永續發展的各種嚴重問題。

一九九六年，基夫・格羅斯曼（Keith Grossman）獲聘爲美國梭拉特醫療器材公司（Thoratec Corporation）執行長，當時該公司正面臨重大財務危機、生死存亡的關頭。格羅斯曼全力推動改進該公司的主力商品——心室輔助器——的製造流程和行銷策略。然而，他很快就發現，即使目標可以達成，公司原有營運模式仍將無法繼續下去。

正如格羅斯曼所說的：「當前最大的挑戰是要把公司轉型爲一家永續經營的企業。就公司目前營運體質來看，我們是無法長久生存下去的。我們可以藉著轉型獲得利潤。」

如果沒有一系列多樣化和整合性的產品推出的話，格羅斯曼早已曉得公司的市場占有率和獲利率遲早會大幅下降。所以他預見到使公司得以生存下去，只有兩種可能——「併購其他公司或被其他公司併購」。及後經過二年時間的摸索，他決定往併購別的公司方向前進。他把理想併購目標指向競爭對手，美國熱電心臟輔助器材公司（Thermo Cardiosystems）。但此時卻有個棘手問題，因爲熱電公司是梭拉特公司的三倍大，而且該公司所生產的心臟輔助器賣得非常好。這時格羅斯曼質問自己，如何去說服他的競爭對手認同這項併購計畫能使雙方都獲得最大利益？此外，又如何去說服熱電公司接受梭拉特公司股票、經營團隊、和僅擁有梭拉特公司理事會上的少數席位等併購條件？

當梭拉特提出這項建議時，熱電公司果然感到十分不可思議。不過，格羅斯曼向熱電公司理事會所提出的報告，其邏輯性則是無懈可擊。他指出目前一些全球性的大型企業，盡都是產品多元化的公司。格羅斯曼說：「在我們這個產業裡，一些大公司都並不只生產一種醫療器材，相對的，它們都把焦點放在所有的疾病防治上。它們同時生產醫療器材和藥物，而且廣告也同步訴求在醫生和病人身上，這些公司早已研發生產第三或第四代產品。因此，你能否在這個市場中繼續走自己的路，和它們競爭還能持盈保泰？如果你還是這樣想的話，實在太不切實際了。」

面對這項有條理的陳述，熱電心臟輔助器材公司理事會已開始認知到自己也同樣面臨到梭拉特醫療器材公司的困擾和不足，而且也不應繼續視對方爲競爭者，他們了解，若是兩家公司合而爲一，將會使營運實力大幅提昇。他們對格羅斯曼提出產業現實問題的獨到見解，和如何妥善因應的做法感到相當深刻。最後，熱電公司同意這項併購計畫，也接受了梭拉特公司所開出的條件。今日梭拉特公司在醫學界已成爲一家擁有專利權、獲利良好和營運出色的公司。

是什麼使格羅斯曼表現如此出色？首先，他體認到自己行業傳統價值觀出現的裂痕。因爲醫療器材公司在創立後，通常都會把挑戰的焦點集中在產品的研發到行銷上，他們以爲在這些領域裡的成功，自然會爲他們帶來足以生存下去的業務量。但格羅斯曼則幫助他們了解到這項「基本假設」——成功產品必然等同於成功企業——並非那樣可靠的。

同時他也指出這項模式已創造出一項付出重大代價的「意外結果」。換句話說，它需要配備一套價值不菲的基礎架構用作產品生產和行銷。而只生產單一產品的公司，自然處於不利的位置，因爲不論公司本身是銷售單一器材或上百種不同產品，也都需要建立這套基礎架構。於是這些公司便無法和那些生產兼具多元化和整合性產品的公司相抗衡。正如格羅斯曼對熱電公司理事會那一番極具說服力的談話：

「這是未來發展的模式。有些公司正著手進行；現在你可以參與其中，或者繼續和它們對抗。而這些公司在這個行業中正踏上成功大道、擁有更多選擇和機會，而且也擁有很多銷售人員。我想我們也將會如此。」

這種「智商」代表著有效領導力。格羅斯曼的主張既不是在進行洗腦或政令宣導，同時這主張也不是危言聳聽。相對的，他所說的全都是事實，結論也相當合乎邏輯，讓別人願意接受他的建言，照著他的方法去做。

「主管智商」是領導力表現的中心點，因為它有助主管全面思考該如何促使他人接受自己想法，同意這項決策。它完全可以使他們了解到決策或行動的「正確性」。這是進行說服最有效和必要的方法，因為它也不會否定別人表達自由意志的權利。試想一下當你提出一項正確的主張，其他人同意你的看法，接受你的觀點，是多麼棒的一回事。

而這個引導和說服他人的方法，就是指主管如何有技巧的把自己想法轉變為實際行動。

現實生活中的主管智商——了解別人

主管必須展現智商的第二個重要領域，就是與他人共事。不過焦點並不在主管的個性、受喜愛程度、和個人風格，而是在一個「智商」的型式上。至於「主管智商」是把焦點對準一些特別的認知技能，這些技能可以使主管運用智商去了解和駕馭人際關係的複雜性。這是一則美國波音飛機公司的眞實案例，從這案例中，該公司努力打拚想回復過去獲利水平，但其中卻缺乏了「主管智商」。

菲利普・莫雷・康狄特（Philip Murray Condit）出任波音飛機公司總裁和執行長長達七年，可說是小經理晉昇大位的傳奇故事。其實他的專長是航太專業技術，是一位成功的工程專家，擁有亮麗的學術成就和解決技術問題的卓越能力，但這些很明顯在「領導」這個位置派不上用場。由於他嚴重缺乏「主管智商」，尤其是「社會認知」（social awareness）這個領域，使得他不斷被醜聞攻擊。康狄特的無能、與世疏離的性向，使他無法勝任執行長一職，因爲他既不能正確解讀複雜的人際關係和職場政治，更沒有即時作出有效的反應。而由於嚴重缺乏社會觀察力，也讓他被公司內「爲了目的不擇手段」的銷售文化所蒙蔽，例如在他團隊中已有不少成員涉入被質疑有問題的交易——而這本來就是執行長早該發現和阻止的。這家長期被視爲美國工業的楷模，正逐步被一個又一個醜聞所吞噬。

例如，波音財務長麥可・希爾斯（Michael Sears）涉嫌非法收受美國國防部官員達寧・杜雲（Darleen Druyun）的巨款，以交換杜雲到波音任職的承諾。二〇〇四年，杜雲因這項醜聞被判入獄幾個月。二〇〇三年，波音被禁止競標美國空軍的採購合約，原因是它非法取得並使用競爭對手的競標資料，謀取不法利益。

波音公司對外發表聲明，指出沒有任何證據顯示康狄特和醜聞有任何關連。但是據內部消息人士透露，康狄特早就獲知有關警訊，但他卻裝作視而不見。

「康狄特藉著默許他的部屬在跑業務時遊走法律邊緣，以獲得巨額的國防業務營收。」維吉尼亞州阿靈頓智庫列克星頓學院（Lexington Institute）國防分析師羅蘭・湯普森（Loren Thompson）一語道破這個事實。到了二〇〇三年，這項重大缺失終於使得波音不得不提列高達十億美元的帳面損失；而醜聞不斷也迫使康狄特黯然退下執行長的寶座。

為什麼康狄特會犯下這種錯誤？答案是，他無法了解員工非法取得業務契約有多嚴重，這坐實了他缺乏「處理人性問題的主管智商」。特別是他永遠都不明白以下這項「優先議題」——即他的員工這樣做，很容易與傳統企業作業規範發生不斷的直接衝突。可是康狄特仍決定實施採取員工自我監督的機制，很明顯的他沒有盡到親自監督之責，而缺乏這項「人際認知」（interpersonal awareness）要素卻使波音付出沉重代價。此外，他也沒有針對自己決策所可能產生的效果進行必要的思考。由於他無法掌握部屬的行為，也儘管部分員工曾向他示警，但他卻低估了這種沉重代價如何使公司短期營收受挫，又終將賠上公司嚴重財務虧損和企業形象。接下來，讓我們看另一位執行長如何面對威脅公司生存的複雜人際關係。

這是雲・強森（Van Johnson）擔任美國薩特健康中心（Sutter Health）執行長所經歷的真實案例。薩特健康中心是全美健康醫療用品的領導品牌之一，它提供一百多個不同機構專業服務。美國藍十字醫療保險公司（Blue Cross）是該中心的主要客户，也是麻煩製造者。問題十分棘手。幾乎每一位薩特健康中心的成員都跟這位主要客户發生一些問題。款項要不就是遲繳，要不就是根本收不到。薩特健康中心向藍十字收取的費用也遠低於其他保險公司。

這時強森必須面對這個困局：與藍十字全面決裂，使旗下的醫院和醫療團隊直接面臨被藍十字除名的命運，不然就坐以待斃，看看旗下有多少醫療體系破產倒閉。很不幸的，其他供應商和薩特健康中心一樣也陷入這個困局，但他們採取較激烈手段，與保險公司正面決裂，可是結果糟透了。事實上，有些供應商旗下的醫療體系已全面倒閉。而強森恐怕薩特健康中心也難逃同樣命運。

問題層出不窮，薩特健康中心的每一位成員都要求與藍十字攤牌。中心員工也都視藍十字是一家貪婪邪惡的公司，即使社區醫療體系已面臨倒閉，但他們卻仍從其中謀取利益。不過，強森卻以不同觀點看待這個難題。他認爲如果與藍十字全面決裂，勢將付出慘痛代價，而每一個人也都不能倖免。同時他也知道必須找出一個替代方案，首先他要去深入了解一下藍十字的看法。

因此他聯絡美國創設醫療保險公司（Foundation Health）前執行長丹·克勞利（Dan Crowley），他過去曾與藍十字有業務往來。在一個午餐約會中，強森和克勞利以保險公司的觀點來探討目前整個情況。

「克勞利以醫療保險計畫的角度強調，從事醫療保險計畫的公司和其他行業的公司有著相當大的差異。他們的營運方式是很不一樣的。他幫助我了解其中的差別以及該如何去面對。所以我眞的找到一位能掌握內情的業外人士，而他本身就是一位保險公司前執行長，他十分了解他們這個行業的觀點如何。」

站在藍十字角度來看問題，使強森有新想法，開闢了一道解決這個衝突的新途徑。他仔細研究藍十字的行政體系，嘗試去了解其作業程序爲何無法符合薩特健康中心的要求。同時他也檢視自己公司內部架構，看能否對藍十字的問題有所幫助。

「我確認自己對情況已十分了解。到底他們的作業程序發生了什麼問題？爲什麼他們會常常延遲付款？我能提供藍十字哪些援助？我總不能兩手空空的去拜訪他們，在沒有提出任何使兩家公司合作得更好的方案下，便可以把這個問題完全解決。

接著我與藍十字的朗・威廉斯（Ron Williams）會面，雙方談及一些重大議題。但這並不是說我要當面與他爭辯，強調薩特健康中心不再讓步。相對的，透過這次會晤，希望能找出雙方都可以接受的共同觀點。

在這次會晤中，我和威廉斯花了很多時間討論這個問題。我的公司（薩特健康中心）是如何給藍十字製造麻煩，而他的公司又是如何給我公司出問題。當然在討論中也談及費率。然後我們也進一步確認在兩家公司的業務往來上，必須採取更多緊密的合作，改善雙方的作業流程。這是一項雙方協定。坦白說，薩特健康中心本身有些問題是無法一夜之間便能解決的，而且我們必須進行一些整頓，把造成我們和藍十字保險公司產生諸多問題的一些業務措施加以標準化。」

隨著強森充分理解到藍十字的觀點，使他更能掌握整個情況，從而針對雙方協定擬定出更具建設性的方法。即使藍十字和薩特健康中心就雙方的爭議足足談了三個月，但最後這兩家公司終於成功解決了他們的差異，創造出一個更良好的長期關係。

「你總不可能都把別人看成是壞蛋。因爲你自己也給他們帶來不少問題，如同他們給你添麻煩一樣。因此你最好指出自己在這問題中所扮演的角色，犯了哪些過錯，然後勇於負責並作出必要的改善，如果你能這樣做的話，就可以期待對方也爲你作出改變。

這爲我們的對話建立起一個完全不同的基調。它並非強調自我和訴諸權力的爭鬥，它反而是對雙方都公平，並能使兩家公司作業系統更趨一致的做法。」

強森這項針對雙方協定的具體做法，爲自己公司造就出重大成果。因爲這種新關係的建立，和實施標準化流程，使薩特健康中心自這一系列商談後，已有六年時間成功地不須面臨任何成本增加的難題。

「今日藍十字已成爲我們最公平的合作夥伴。他們已如期付款，也改善了他們公司內部的作業流程，而我們也針對自己的內部問題作出必要改革。雖然現在並不是每一位成員都感到滿意，但總能感受到。因爲這個做法已使一切事情都變得公平多了。」

究竟是什麼使強森在這個看似沒有勝算的問題上，獲得如此有利的結果？首先，他確認了和藍十字全面決裂後將可能帶來的後果。因爲這樣做勢必會付出沉痛代價，進而使薩特健康中心遭到毀滅。所以強森知道必須想出其他解決方法。他透過另一家保險公司執行長的幫助，讓自己充分了解藍十字有哪些「可能是最優先的議題」。接著他以藍十字的觀點與角度去檢視情況，使他能夠技巧地建立一套得到重大成功的解決方法。

現實生活中的主管智商——自我評斷

在下列案例中，「主管智商」在自我評斷和修正自己錯誤上也顯得十分重要。

沃夫甘・舒密特（Wolfgang Schmitt）是美國樂柏美公司（Rubbermaid）的執行長，而該公司曾在一九九三年被財星雜誌選爲當年最傑出企業。然而在短短五年之間，該公司營運情況變壞，並爲後起之秀美國紐爾公司（Newell Corporation）所兼併。到底問題在哪裡？在一九九○年代，樂柏美面臨的是一個變化激烈的市場，因爲零售商已開始把焦點集中在平價商品上，而不再以商品創新爲優先。可是舒密特卻拒絕就這些市場壓力做出反應。正如他所說：「在過去我們擁有一個實施商品漲價策略的輝煌歷史，我們應該把注意力放在如何讓客戶了解商品漲價的重要性。」

當他的部屬和銷售人員不斷反映目前市場的變化，要求樂柏美必須將商品售價往下調整以維持公司競爭力時，舒密特卻仍依故我，拒絕這項建議。甚至當時樂柏美最大客户、知名零售商沃爾瑪，警告舒密特該公司不會再接受樂柏美商品調漲，但是他仍然堅持己見，結果導致沃爾瑪把原來向樂柏美訂貨的訂單大幅刪減，轉向採低價策略的競爭者那裡。

由於舒密特對自己本身嚴重缺乏「主管智商」，使得他受創極深；特別是他沒有使用能突顯個人自我評斷中有哪些錯誤的資訊，也沒有鼓勵別人使用。在今日變遷快速的環境裡，身爲領導者必須常常在有限資訊下立即作出最適當的決策。甚至是最精明的主管通常也會犯錯失察，這都無法避免。事實上，也沒有任何人會期待經理人每次作出的決策都是對的，因此，他們主動探尋和歡迎任何有關自己想法和行動缺失的資訊或建言，就顯得十分重要。

舒密特無法正視自己觀點的偏頗，導致他低估周遭試圖提供給他的各種重要資訊。一個卓越的行動計畫必須集合包容各方觀點才有所成，如果領導者本身缺乏對自我評斷的「主管智商」，就會抗拒那些強迫他重新思考的建議，永遠都無法作出最好的決策。

主管的有效行動，通常都需要本人能夠不斷檢視自己的想法和行動。不論是在策略會議、一對一的意見溝通，或其他任何企業溝通模式，領導者必須有能力評斷自己的想法和其他人不同在哪裡。但這並不是說這些經驗豐富的主管必須像機器人一樣，毫不理會自己心理的反抗情緒，相對的他們能體認到自己的缺失，而沒有被直覺反應所蒙蔽。

接下來讓我們看看另一位執行長是如何洞悉先機並作出立即反應，使公司所承受的損失減至最低程度。

湯姆・培斯萊克（Tom Priselac）在美國希達斯西奈（Cedars-Sinai）醫療中心二十五年的職業生涯裡面，特別致力於與醫院每一位經理和員工建立並維持良好的個人關係。「我與中心的關係相當密切，這對我幫助甚大，員工都很樂意提供我有關訊息。」他說。

但到了二○○二年後期，當時身為中心執行長的培斯萊克卻目睹一個十分棘手、牽涉幾乎所有成員的難題。問題的核心是工會正積極動員護士與中心進行抗爭。工會幹部不斷從衝突升高中獲取更大利益，而護士們和中心領導階層之間更缺乏互信。例如，護士對和自己有切身利害關係的退休計畫，就表現出重大關切。雖然中心領導階層已設法改善這項計畫，但滿懷敵意的工會成員卻不相信中心會做出正確決策。

這種缺乏信任自然使執行長培斯萊克深受困擾，更何況他曾自誇與中心每一位經理和員工都保持著良好關係。於是他在中心全面展開一項名為「學習之旅」的計畫，明確指出中心領導階層、經理人和員工之間的距離日漸擴大，大夥必須作出必要改善，解決當前難題。同時儘管他認為自己一直以來都盡了該盡的責任，也付出一切努力，但他仍然堅持必須全力檢視自己過去的作為，檢討為何會出現對立？在醫療中心研發人員的協助下，再加上自己不斷與員工進行懇談，終於使培斯萊克了解到自己在這項危機形成過程中犯了哪些錯誤，接下來又該扮演哪種角色。

爲什麼他會忽略了這個嚴重問題？

「好吧！雖然目前大家都已感到滿意，不過，如果從前你問我『你不是都已經和每一位經理和員工都接觸過嗎？』我的答案是『沒錯』。可是當我進一步反省時，就了解到自己過去和他們接觸的品質根本不怎麼樣，而且這麼多年以來，不少新進員工來到中心工作，我還沒有和他們建立起和諧密切的關係。」

雖然培斯萊克在醫療中心待了二十五年，努力與部屬和員工保持互動接觸，但是他卻終於體認到自己已有很長一段時間，沒有和這些同事建立起足以維繫雙方的良好關係。再加上醫療中心每年約百分之五到十的人事汰舊換新，更使他無法體會到自己所領導的醫療中心已聚集了很多不認識他、他也不認識的員工，這也讓他無法適時作出必要的反應。

「這實在是一件無法意識到的事。」相對的，他早已長期實施員工滿意度調查，和其他探知員工看法最好的傳統方法。「很多目標的評估結果都很不錯，醫療中心持續成長，員工滿意度調查結果也顯示出在某些方面反應良好，雖然有些地方尚有改善空間，但這些卻顯示不出問題的嚴重度。或者說得更貼切一點，是『我』看不到。有些地方早已出現紅色危險訊號，卻只被視爲黃色警戒訊號而已。」

回溯過去，即使培斯萊克強調「那些員工都不認識我，我開始失去與他們互動溝通所應獲得的坦誠以待」，不過，他還是在與理事會成員、部屬、經理和員工的會議上承認自己所犯下的錯誤，並擔負起必要的責任。

接著培斯萊克便修正過往的做法。「我做出一些改變，讓自己在中心的曝光率大增，私下和由理事會成員、經理和新舊員工組成的各個小組，針對核心問題進行密集的討論。這樣做的目的是要創造出適切的討論環境和氣氛，從而得到良好接觸互動的成果。藉著定期與各方進行持續對話，塑造出一個更有效的回饋機制。」

今日這家醫療中心約八千位員工的調查問卷顯示，認爲領導階層是公平、誠實和值得信賴的，認爲自己公司是最值得推薦的，約有百分之八十五的員工。從以上這些統計數字來看，代表著員工滿意度較二〇〇二年勞資關係惡化最高峰時，足足增加了百分之三十。到了二〇〇四年後期，試圖代表護士爭取權益的工會終於撤回當初的抗爭訴求。

究竟培斯萊克是如何在這麼短的時間內扭轉逆勢，並獲得如此令人印象深刻成果？培斯萊克擁有一種自我評斷的「主管智商」，就是最關鍵的因素。他充分使用能突顯個人評斷錯誤資訊的方法，而且也鼓勵別人使用。在進行「學習之旅」計畫時，他先要求檢視自己在這緇緊的勞資關係事件上，犯了哪些錯誤和應該承擔哪些責任。同時他也進一步愼重其事的正視自己原有觀點的侷限和偏頗，發現自己竟然已有好些日子無意間變得孤立無助。但培斯萊克作出重大努力，去了解自己在這問題上該扮演的角色，此舉反映出他是相當有意願進行立即的改革，遂使問題能儘快得到修正和解決。

主管智商：對商業精明頭腦作出解釋

前面案例在在顯示出値得令人注意的主管成敗事蹟。而且當我們對這些個人成敗的表現感到十分關切時，就更有效的發現到這些成功人物都有著同一個樣子。而它就是藉由某一種分析的方法，辨別出自己必須採取的行爲模式，從中獲得實用的洞見。

以上每個案例都談到主管面臨各種不同的問題。儘管問題不同，但這些成功領導者都能藉著有效運用一些認知技能，成功解決問題，這就是我們探尋到的共同線索。一旦我們了解這個主管解決問題的共通性，就可以進一步確認這些成功人物的內造特質（inner fabric）。

我們探尋的是他們這些能力的根源。然而，即使找出根源，我們仍未獲得決策入門指引。雖然商學院訓練常提出幫助人們作出健全決策的實用方法，但是正如同把最好的外科手術工具交給技術不太熟練的醫生，通常沒什麼效果，因此，最好在探詢根源的過程中，每個步驟都有「智商」這項特質。藉著探索和界定主管智商，有助我們確認在其他人身上是否有它的存在，以及在我們當中將之找出並加以培育。

我們正要透過一套「個人內在技能」（an internalized set of skills）來弄淸楚「商業頭腦」這個難以理解的概念。隨著當前企業環境的需求，造就了這項「主管智商」成爲個人在企業中晉升爲明星人物的決定性因素。而這些認知能力就是代表著人力資本的重大優勢，也是當今企業十分渴望的重大需求。

派翠西亞・羅素（Patricia Russo）是美國朗訊科技公司的執行長，統籌該公司令人印象深刻的轉型工作，她直接體驗到在公司中那些員工如何與別不同。

尋覓有能力處理大量資訊、並確認這些資訊重不重要的人，實在是一大挑戰。雖然有不少人在遇到複雜議題時，總是抓不到重點或無所適從，但終究還是有一些我稱爲「思考清晰」、與眾不同的人。在尋找人才的過程裡，我通常都會問自己，要找哪些人？而我的回答也通常是「頭腦清楚的人」。在公司裡有頭腦清楚的人、頭腦秀逗的人，和一些不求進取的人。而頭腦清楚的人——可以把每一件事情都弄得清清楚楚的人——卻是很難找得到。不過，如果你讓自己也成爲頭腦清楚團隊的一員，前途就無可限量了。

我都在尋找一些高價值的主管人員，他們都是好的傾聽者，也是心思細密的人，當他們投入參與任何議題時，都能發揮自己的特色。此外，當他們處理特別議題時，也有能力坦誠聽取別人意見，用不同觀點作出回應，很快便歸納出有用或有意義的重點。因此，他們在很短時間內就能抓到問題核心。

羅素除了說明這些人擁有哪些技能外，也分析這些人對公司的重要價值，以及如何難以尋覓得到。事實上，這些「明星人物」就是讓公司跑在同業競爭對手前面的重要人物。接下來，世上最成功的企業家之一，美國黑人娛樂電視台（Black Entertainment Television）創辦人和執行長羅伯・強森（Robert Johnson）解釋：

「即使是頭腦最清楚的人，也需要精明幹練的團隊成員圍繞身邊，而且這些績效卓越的團隊也須不斷發展。這是吸引人才基本法則之一：你擁有優秀人才，就能吸引更多優秀人才加入。當你被這些人才圍繞時，就能在作出決策時得到較全面和深入的看法，得到該不該做哪些事的最好建議。一旦你擁有爲數不少的優秀人才，就沒有什麼事情做不到。」

正如羅素和強森所說，任何企業的成功都建立在擁有一群與眾不同、精明幹練的人才之上。到目前爲止，傳統商業訓練無法保證個人將可以擁有這些能力。此外，不管哪一位經驗豐富的執行長都一致認爲，頂尖商學院的畢業生也不保證必然成爲精明幹練的主管。爲了持續確認和培育我們需要的人才，第一步就是去界定造就個人成爲「頭腦清楚的人」有哪些基本技能。

第一章摘要

◎智商測驗已證明爲預測管理績效表現的工具，但是由於它本身有一些缺點，所以已不再成爲評量經營管理人才的工具。

◎「主管智商」是決定個人在三大工作領域是否成功的明顯特質，這三項領域分別是：⑴完成工作任務、⑵與他人共事和爭取別人合作、⑶自我評估／調整。

◎「主管智商」包含一套一致而相互關連的技能，是構成主管精明行爲，和影響專業決策每一個層面的技能。

◎缺乏「主管智商」是當前企業主管的普遍現象，同時也必須爲一些企業遭受重大挫敗負完全責任。

◎明星領導人物擁有較高的「主管智商」，大多決定了他們爲什麼那麼成功。

◎建立由「頭腦淸楚的人」組成的團隊，這些人擁有較高的「主管智商」，是企業成功最重要的關鍵。

2

企業的批判性思考

詮釋、評估、行動

「批判性思考」的能力
決定了個人如何有技巧的搜集、處理和運用相關資訊，
擬定能夠達成特定目標或解決複雜情況的最好方法。
「企業的批判性思考」就是一種
比「批判性思考」更完整的能力。
這就像是我們所說的「主管智商」。

批判性思考

研究領導力超過五十年、著有《管理工作的本質》（*The Nature of Managerial Work*）的美國麥基爾大學教授亨利・明茲柏格（Henry Mintzberg）質疑商學院訓練的重要性。他說：「我曾經要求幾位對美國企業相當了解的人，請他們列出三到四位與眾不同的執行長，而且這些執行長必須長期以來表現都十分出色。被我問到的人所回答的執行長人選，沒有哪一位是哈佛商學院或其他企管碩士背景出身的。」

雅芳執行長鍾彬嫻也提出類似的看法：

「企業主管的清晰思考，就是我們在尋找的一種特性：在雅芳當中也進行類似的測試。我發現那些受過商學院教育的人不見得都擁有清晰思考。有些最好的想法都來自未曾受過商學院正式訓練的人。由此可見，有些人本身就擁有清晰思考的獨特長處，但其他人則沒有。因此，是否受過商學院正式訓練並不是一項決定性因素。」

美國卡普納崔格國際管理顧問公司（Kepner-Tregoe）的分析師昆恩・史比哲（Quinn Spitzer）和朗・艾凡司（Ron Evans）在針對全球成功領導者的研究報告中，也同樣指出這項重點。

他們在《贏家管理思維》（*Heads You Win*）這本暢銷書中，也問及爲什麼沒有企管碩士學位的山姆・華頓能創立起沃爾瑪連鎖超級市場；威爾許也沒唸過商學院，卻能使奇異公司成爲全球最成功的企業；同樣沒受過企業流程再造訓練的大衛・普卡德（David Packard）一樣使惠普成爲業界翹楚。以上這些人都沒有受過被世人喻爲成功保證的正式商學院訓練。因此，這是否表示人格的基本特質在決定績效表現的時候，其重要性勝過商學院教科書傳授的各種理論？事實上，史比哲和艾凡司便確認出一項主管表現是否成功的決定性要素，它完全有別於企管教育能夠提供的知識：一種他們稱之爲「批判性思考」的心智能力（intellectual capacity）。

他們發現近代的偉大主管人員不僅是有行動力的人，也是善於思考的人——他們都擁有批判性的思考能力。史比哲和艾凡司透過嚴謹的分析，推斷像威爾許、華頓和普卡德等領導者把這種批判性思考有效引進自己的事業，使他們的表現較其他夥伴和同業更成功。而他們卓越的思考過程，有助他們對複雜的經濟環境做出更好的評估，對核心議題給予立即適當的反應。也即是說，一旦問題發生，他們可以準確判斷問題成因，作出迅速反應。同時他們在一些能夠解決問題的選項中，充分掌握風險與效益的平衡原則，做出最好的決策。這些人藉著巧妙化解問題，抓住所有的機會，使他們公司得以推行更有效的選擇性行動方案。書中威爾許接受作者訪談時，便提出類似觀點：

「我不在乎主管是不是頂尖商學院畢業生，這對我並不重要。我反而看重的是一種思考方式——我稱之爲『合理懷疑』。

毫無疑問的，偉大領導者都會不斷密切觀察全局，事先預測和『嗅出』各種問題發生的可能。例如，當我在處理一件交易時，通常都會設下一個前提，像是我會去質疑價格是否太高，或它不合乎我們公司需要。然後，我會詳加探討這個前提，確認它爲什麼合乎公司需要，它有哪些優點，它如何使我們表現得更好等等。而這就可以嗅出未來情況的發展。因此，問對問題和預測問題發生，就是領導力一項重大議題。我們談論的只是一個企業的最根本問題，身爲領導者必須擁有這項『合理懷疑』的特質。」

威爾許所說的「一個企業的最根本問題」，指的事實上就是「批判性思考」。他陳述的領導者必備技能，像是探討、證明、問對問題、預測問題發生等，都是史比哲和艾凡司所指的批判性思考的構成要素。關於這點，菲多利公司（Frito-Lay, Inc.）執行長艾琳・羅森菲爾德（Irene Rosenfeld）做出進一步解釋：

「這些憑直覺和嗅覺便能知道情勢發展及如何因應的特質，在商業院是學不到的。對企業主管來說，他們都需要不斷縱觀全局，隨時掌握預測將會有什麼事情發生。

例如，我最近面臨一個棘手的客户問題，很多焦慮的客户群集在公司門口。他們要求公司作出某些承諾。表面來看，我們是可以不答應的。可是由於我們十分重視客戶關係，所以我覺得必須去了解他們這項訴求的『眞正意思』，而不是只作出『某種承諾』而已。

透過與客戶深入討論，清楚了解他們的眞正想法。一旦了解到他們問題的核心，公司就可以擬定具體的解決方案，非但遠超過他們先前提出的要求，更直接解決他們心中眞正關切的問題。而明白了解這個做法，不見得你可以在學校裡學得到。」

羅森菲爾德所說的話，突顯了掌握情勢和擬定解決方案的複雜性。她解釋，即使這些技能不一定可以在頂尖商業學院中學得到，但是它們對企業主管的成功卻十分重要，因爲主管必須常常面對以上這些問題。而解決這類問題，更是他們日常擔負許多責任中，最重要的一部分。

至於史比哲和艾凡司更清楚發現，主管是否擁有批判性思考，便決定了他是否可以把自己主要的工作做到最好。此外，他們也認爲主管可以從最知名的商學院得到學位，成爲著名經營管理理論的實踐家，從受人敬重的企管顧問那裡得到寶貴建言，但他們是否具有「批判性思考」，將決定了這些領導者的成敗。而在研究工作者的各項研究調查中，也發現到批判性思考確實可以讓主管智商行爲變得更有可能。

企業的批判性思考

那麼，什麼是批判性思考呢？它又是如何決定了主管的效能？雖然史比哲和艾凡司把批判性思考界定爲企業成功背後必要的心智能力，但是他們對於它是如何發生的，卻沒有提出任何解釋。爲了使他們這個「批判性思考」的抽象概念更明確，我們需要給予批判性思考一個有效的定義，以及對它在企業中所扮演的角色有一個更好的理解。

傳統上，批判性思考都會被認定和簡單的邏輯練習題有關。其中一個典型問題是：所有野鴨都是鴨子，而所有鴨子都會飛，所以，所有的野鴨都如何？（答案選項：(a)都會發出鴨的叫聲；(b)都會游泳；(c)都會覓食；(d)都會飛翔）。不過，像這種抽象的問題和企業決策到底有什麼關係呢？我們認爲這不太可能構成史比哲和艾凡司所發現的主管人員成功之鑰：應用性的批判思考。我們必須擁有一個和企業更有關係的「批判性思考的定義」。

哈佛大學懷特海學院前院士、現任加州大學柏克萊分校心理學系的斯克里文教授，是這項研究領域的著名作家。他提出一個批判性思考的定義，強調它扮演重大的企業角色：

（斯克里文教授關於批判性思考的定義：）針對觀察、溝通、資訊和推論等進行有技巧的、主動的詮釋和評估，並視之爲思想和行動的指導方針。

換句話說，批判性思考的能力決定了個人如何有技巧的搜集、處理和運用相關資訊，擬定能夠達成特定目標或解決複雜情況的最好方法。一個例子來自美國賽格威個人電動滑板車公司（Segway Human Transporter），我們來看看他們如何仔細分析與評估產品的市場潛力。該公司設計製造出一部造型特殊、可供個人站立、快速行駛的電動滑板車，將它視爲人類行動力的重大革命。不料該公司卻發現消費者對這項產品漠不關心，同時它也不被主管單位核准爲公共運輸交通工具，這和當初預料的完全不同。透過批判性思考，賽格威的營運計畫可能得到一項相當簡單的分析：

類似賽格威電動滑板車功能的交通運輸模式早已存在多年，它就是動力摩托車。市面上銷售的動力摩托車價格已經遠低於賽格威生產的動力滑板車了，但至今它們的市場接受度都不太好，而交通單位更是未曾變更任何交通設施來協助推行這種交通工具。爲什麼賽格威會步這些動力摩托車的後塵，同樣遭到失敗命運？

分析一：賽格威的新產品較動力摩托車有兩大優點：(1)駕駛者可以可以站在上面，前進或停止時都能完全保持平衡；(2)可以向後倒車。

分析二、即使賽格威有這兩大優點，問題依舊存在。難道是因爲動力摩托車缺乏以上兩項特性，所以反而比賽格威的新產品更容易被接受嗎？如果不是的話，就找不到什麼理由來期待賽格威的新產品能夠較動力摩托車賣得更好了。

分析三、事實上，主要問題是出在它的價格太高，造成購買意願低落而已。

這種思考模式代表著健全商業決策的基礎。正如威爾許所說：

「偉大的領導者通常都缺乏純眞的一面。他們的思想中總帶著一種嚴苛、一種質疑。因此，當你在嚴重質疑人們提出的各種假設的同時，你也必須讓人們建立起自信心。」

簡單的說，在企業中的批判性思考，涉及到有技巧地藉著確認和運用對目標有價值的資訊，抗拒所有即使看起來可行、但不相關或不確實的想法，得到達成目標的最好方法。這是不太容易，也必須不斷重複的做法，沒有任何捷徑。因此，當我們面對完成工作、和別人合作共事，或是評估和調整自己行爲時，批判性思考就是發現「正確答案」的最佳指引。

了解這種和企業直接有關的批判性思考方式，有助於我們發現「主管智商」存在的可能性。由於他們卓越的批判性思考，使得這些明星主管獲得的正確答案和最好方法，較同儕多出甚多。難道他們有什麼「魔法」或者「祕密程式」來幫助他們的批判性思考嗎？多年來許多學者試圖解答這個問題，他們探討這些人的實際工作情況，最後證明並沒有什麼魔法程式可以套用。而這也是爲什麼在現實世界中，那麼多受過決策訓練的企管碩士紛紛遭到挫敗的主因所在。相對的，明星人物成功的「祕密」，只不過是他們有能力創造切合實際情況所需的解決方案而已。

說起來簡單，要眞正有能力創造解決方案其實並不容易。這個創造過程相當短暫，不斷變化，極可能造成分析結果粗略，或逐步決策指引的不當，這種種變數也造成各種決策工具只在被有智慧地正確運用時才能發揮功效。「決策指引」指的是某人把某種特別情況套進某個特別模式上，明星思想家在這時就有能力做到切合情況需要的精確分析。相對的，批判性思考並不可能用圖解方式來說明。曾經使公司成功轉型、備受各方廣泛肯定的賀喜巧克力公司總裁兼執行長，瑞克・倫尼（Rick Lenny）則進一步作出以下解釋：

「我認爲有些事會迫使我們太過公式化。總有一個想法讓人想把每件事情都變得簡單，並使它們成爲樣板。同時更希望凡事都能遵循固有模式作業，不需要任何思考。而這就是爲什麼許多主管總是需要別人教他們怎樣做，甚至很難要求他們有不同的做法。」

想要了解明星人物的思考過程，或許可把他們和那些古代煉金術士加以比較。當面對決策時，明星主管——本質上就像今日的煉金術士——和同儕一樣，從尋常金屬著手。然而，他們知道如何使用最上乘手法把這些基本成分加以混合提煉，獲得別人提煉不出來的黃金。這些明星人物針對特別情況，作出最精確的分析，使他們得到如「黃金」般的決策。

他們成功的眞正關鍵所在是他們達到結果的「方法」，而不是最後結果的本身。如果你細心研究這項與眾不同的主管決策過程，就會發現他們的卓越認知技能變得很明顯。例如，這些領導者都會提出能夠確認問題核心的問題。接著他們會把不同資訊來源加以區別，剔除一些可靠性不足的資訊。當你追溯他們的思考過程時，就會發現他們如何獲得成功的答案，而從這過程中顯露出來的心智行爲就十分重要。此外，沒有任何一項活動可以讓其他人整本照抄。在分析中接觸到的不同層面都各自有不同的活動，而整個過程發展是針對各種情況而來，這些主管想出的各種解決方案，都能充分切合每個情況的實際需要。

這些人都具有一種堪稱不可思議的方向感。它並不是地理學上的那種方向感，而是一個「分析路徑」的直覺能力，使他們成功抵達目的地。外部觀察者很難明確說明這些人決策過程裡的每個步驟是如何形成的。其實這個方向感是一個易變的彈性程序，可以隨時調整，因應各式各樣的問題。而這就是爲什麼它們難以被人明白和複製的主因所在。

接下來的關鍵，就是要馬上停止、不再尋求任何解決企業問題的典範模式，同時也要有正確的認知——決策的本質就是指，決策的方法與結果的品質是由個人在企業中的批判性思考來決定，並非憑藉個人曾經受過什麼最新最好的解決問題技巧訓練。

事實上，「企業的批判性思考」就是一種「智商」的型式——是一種應用在企業領域中的、具有建構性、適應性和不斷演進的認知技能。這就是我們所說的「主管智商」。不過，到目前爲止，這些構成「主管智商」的認知技能還沒被確認或完全理解。

第二章摘要

◎主管智商的基礎——批判性思考——已被學者和企業領導者確認爲成功的核心。

◎爲了確認達成特定目標和解決複雜情況的最好方法，主管所擁有的「批判性思考」決定了如何有技巧的搜集、分析和應用有關資訊。

◎批判性思考是我們發現「正確答案」的最好指導方針，因爲它讓我們得以確認和運用一切對目標有價值的資訊，抗拒所有即使看起來可行，但卻不相關或不確實的想法。

◎過於粗略的分析或逐步決策指引都是不適當的，明星人物背後的成功祕密，是面對每個新情況發生時，都能創造出一個最好的解決方案。

3

工作、他人、自己

三足鼎立的優勢造就了明星主管

大部分主管只在

「工作」、「他人」和「自己」

這三大項目中其中一兩項擁有強大技能，

例如，有些人能

解決複雜的人際關係，卻無法創造新策略。

有些人擁有非常好的分析技能，

但往往在不恰當的時機做出不得體的言談舉止。

也有些人會漠視自己的缺點，沒有能力修正自己的過失。

倘若有一個人具有全部三大項目的獨特能力，

這人就會成爲明星。

主管的工作內容

阿爾弗萊德・比奈（Alfred Binet）在一百多年前受託創造學習智能的衡量方法時，他首先界定出學校內適用的主題（即學生必須學習的），像是算術或語言技能等各種學科領域。接著他設立了一套鑑定方式，用來確認學生在學習各主題領域上所展現的天資。他這項發明就成爲今日眾所周知的智商測驗的基礎，一直以來，比奈的鑑定方式都被認定爲全世界測試學生智商的標準，也是測試學童學習潛能最有效的工具。當然我們也欣然接受這套學校學科學習智能的鑑定概念，但我們卻沒有意識到，自己心裡同時也在誤認爲，沒有可以鑑定專屬於企業主管技能的智商測驗存在。換句話說，我們其實早已認定沒有任何測驗能夠用來測定領導者特性的認知技能。

然而，隨著史比哲、艾凡司和斯克里文等學者的努力研究，他們一致認爲「和主管有關的認知技能」確實存在。因爲它存在，所以人們的確需要可以分析這種技能的測驗。跟隨比奈的步伐，我著手創造一個測試主管智商的工具，是領導者績效表現的測示器。第一步就是先去界定主管人員工作的各種「主題」、或內容重點。

耶魯大學教授、美國心理學會會長，同時也是著有《每日生活的實用智慧》（*Practical Intelligence in Everyday Life*）一書的羅伯・史登堡（Robert Sternberg），具體指出經理人必須完成的主要工作包括：處理工作、和別人共事（或透過他人合作）、自我評估和調整。以上這三大類別涵蓋了主管的全部工作，只要我們去看看這些主管們每天的工作，就可以發現到他們整天都在忙這三大類別的事情：

◎**工作**——主管必須擬定策略、監督後勤、提出方向、方案和執行計畫等。

◎**他人**——主管必須預測（和處理）衝突的發生，管理工作團隊、善於與人溝通合作，處理客戶事務。

◎**自己**——領導者必須整合其他人的建議和批評、了解情勢變化，作出必要因應。

發展主管智商測驗工具的第二步，是去尋找最值得尊崇的幾位專家的重大發現，歸納整理出一份「主管特別認知技能」的清單，然後整理成「有效領導力」的構成要件。在經營管理科學的相關著作中，這些技能都曾逐一被標註出來，然而，由於每位學者所匯集的技能範圍寬廣又多有重複，必須確認幾項核心特質的共通類別，再將這些技能予以分類，而這就是史登堡做的事，他把這些技能分爲三大類別。這三大類別同時也證實了這項前提——這三項主管工作的重點內容，便是現實世界中領導力最正確的描述。

藉著區別這些經理人各自精通嫻熟的主題，明確指出哪些認知特質能夠決定個人在每個主題上發揮的聰明才智，這樣一個有關主管智商的理論便告形成。而要具體實現這個理論的有效性，是運用我們列出的這些重大認知技能，來評估出眞正的明星主管。在下一頁，我們將列出一份根據工作項目分類而作出的認知技能表。

這份清單會清楚說明是哪些認知技能，證實了精明主管的行爲。例如，當我們聽到某人在思考時「往往都會考慮他山之石可以攻錯」，那麼是什麼決定了這個人的思考方式？換句話說，是什麼技能使某人成爲創意思考者？通常創意思考者都能從各個不同角度去看問題，推測有哪些可能障礙，確認有哪些能解決這些障礙的實用選擇方案。擁有這些技能的人，決定了他如何成功成爲一位創意思考者。

又或者我們常說某人「具有獨特政治與社會方面的敏銳機智」，它指的是什麼？是哪些特別的認知技能，使這個人能夠有效處理人際關係？通常擅於交際的人在辨認當前最優先的事項上都有其獨到之處，他們能夠評估這些事項和其他人將會發生哪些衝突，預期採取某項行動方案將會有哪些影響和結果，而這些影響和結果，將預先在決策形成的過程中給予適當的評估考量。就是這些特別能力，決定了此人得以成爲「精明幹練人士」。

差不多每個人都承認主管必須有能力認知自己的錯誤，把他們過失所引起的損失降至最低。然而是什麼技能使某人變得有「自覺性」和「適應力」？一般來說，這些人對蛛絲馬跡都有很高的敏銳度，能立即意識到正在發生的錯誤。他們探尋和鼓勵這種建設性的批評，在行動上也加以充分利用，作出適當調整。當他們出錯時，也很快發現錯誤，做出修正問題的必要行動。因此，能有以上良好表現的，無疑是一位極富聰明才智的人。

構成主管智商的個人認知技能

關於工作， 偉大領導者：	關於他人， 偉大領導者：	關於自己， 偉大領導者：
適當地界定問題、從互不相關的各項議題中，區別出最重大的目標	從跟他人的溝通會議中，能夠區分可以或無法達成的結論	尋求（也鼓勵）人們提供回饋，指出自己在判斷中可能造成的錯誤，然後做出適當的調整
預測在達成目標過程中可能遇到的各種障礙，並能確認可以化解這些障礙的合理解決方案	找出可能是當前最優先的議題，並設法激勵和這情況有關的員工和組織	證明自己有能力去察覺自己觀點中的偏頗和侷限，藉此改善自己的想法和行動方案
嚴格檢視備受倚重的基本假設的準確性	預期他人對行動方案或溝通會議可能有的情緒反應	當自己看法或行動出現重大瑕疵時，必須能夠公開承認錯誤，作出重大改變
清楚解析他人所提出的建議或爭論有哪些優缺點	精確確認衝突焦點中的重大議題以及各方觀點	能夠說清楚他人爭論中的主要瑕疵，也能反覆強調自己觀點的優點
確認爲了掌握某項議題的實質內容，需要知道哪些其它重點，也知道如何獲得相關的正確必要資訊	適當考慮當採取一項特別行動時，將帶來哪些可能的影響和意外結果	考慮婉拒他人的反對意見時，必須同時承諾將會擬定一個健全行動方案
利用各種不同角度，預測各種行動計畫可能發生的意外結果	確認且平衡所有利害關係人士的不同需要和利益	

爲了更能理解上一頁這些認知技能如何相互依存，再看一看斯克里文對批判性思考作出的定義將會更有幫助，它也就是「主管智商理論」所根據的基礎：

針對觀察、溝通、資訊和推論等進行有技巧的、主動的詮釋和評估，並視之爲思想和行動的指導方針。

在研究這個認知技能的表格時，有一個無可避免的事實。所有經營管理專家所提出、認爲對主管績效表現十分重要的各種認知技能都有共同的特點——它們都決定了某人如何有效搜集、過濾和使用有關資訊，確認能達成特定目標或化解複雜情況的最好方法。換句話說，就是表格上列出的這些技能，使某人達到斯克里文所說的批判性思考的高層境界。這個表格集個人技能大成的組合，它使領導力的批判性思考得以發揮。同時它也是一項觀察結果，讓我們得以確認並且主張批判性思考是主管智商的基礎。

大部分主管只在其中一兩項分類上擁有強大技能，但是若一個人具有全部三大主題分類（即工作、他人和自己）的獨特能力時，這人就會成爲明星。例如，有些人能夠解決複雜的人際關係，卻無法創造新策略。有些人可能擁有非常好的分析技能，但與別人互動時，卻往往在不恰當的時機做出不得體的言談舉止。也有些人會漠視自己的缺點，沒有能力修正自己的過失。因此，一位表現卓越的傑出主管人員，本身就擁有一個集各種技能大成的組合，使他們在主管績效表現的各個主要領域上都能獲得成功。而混雜揉合了各種不同特質，遂使他們的績效表現能不斷超越同儕。朗訊科技公司執行長羅素解釋：

「爲了達成執行長複雜的工作，偉大領導者都擁有一些緊密運作的能力。這一刻你可能要運用分析方法來探尋和擠壓出發展新策略的有用資訊，另一刻你可能需要利用自己的人際關係技能，有效激勵和指導員工。你必須不斷迅速的做角色轉換。同時你必須對自己的工作團隊開誠布公，這也同樣重要。因爲這可以讓員工知道你和他們是在同一條船上，了解你對員工的看法和建議也相當重視，當他們說出自己的想法和建議時，你絕對不要充耳不聞，即使他們所說的是你不想聽的。

把以上這些事情做好，是很可貴的，它們是偉大領導力最重要的貢獻。我能夠想像到那些有才華的人擁有許多這些特質，但並不是全部。例如，我知道有人特別擅長於分析，也善於與人共處，但是對他人的意見卻無法做很好的處理。以上這些盲點也都一樣存在於那些傑出的資深主管身上。雖然我不知道這些人的正確人數有多少，但是要找出一位同時擁有這一切必要技能的人，實在不太容易。」

羅素指出資深經理人擔負各種責任有多麼複雜，他們需要一種揉合全部認知技能的組合，而這個技能組合就構成「主管智商」。由於這些技能必須相互緊密合作，所以他們只在一到兩項主題分類上表現良好是不夠的。

現在我們來看看歷史上一位首長如何在「主管智商」的三大領域上表現突出，拯救世界免於核子毀滅大戰。這就是約翰・甘迺迪處理一九六二年古巴飛彈危機的事件。

一九九二年在古巴首都哈瓦那召開的一場會議中，聚集了曾經參與一九六二年十月古巴飛彈危機事件的主要成員。這個會議召開的目的，是要探討當時美蘇兩國如何在第一時間面對核武衝突的劍拔弩張，又如何成功化解這項重大危機。會議出席者包括古巴總統卡斯楚、蘇聯將領安納多利・格伯哥夫（Anatoly Gribkov）以及美國國防部長羅伯・麥克拉馬拉（Robert McNamara）等人。

這場會議進行到接近尾聲時，才揭露出令人心驚膽跳的眞相：任何人都不曾想到，在古巴危機短短六天的時間內，差一點就導致全人類滅絕。當時美國和蘇聯都無法準確掌握對方的實力和意圖。例如，那時美國以爲蘇聯在古巴境內的駐軍人數低於一萬人，但事實上卻高於五萬人。另外一件更明顯的事實是，蘇聯駐軍都配有短長程戰略性核彈。美國領導階層居然認爲（或許是內心希望）這些駐軍儘管擁有但未獲授權使用這些核武裝備。

實情是，這些蘇聯駐軍不僅擁有核武裝備，同時他們也被授權，一旦和美國開火而無法與莫斯科當局聯繫時，可以逕行發射核彈。三十年後出席回顧會議的麥克拉馬拉聽到這項事實時，嚇得差點從椅子上跌下來。因爲當年他在美軍參謀首長聯席會議中，也曾經極力主張甘迺迪總統應該全面向古巴宣戰，而且他主張的戰術還竟然就是一開戰先行癱瘓蘇聯通訊系統。如果當年甘迺迪聽取他的主張，那麼幾乎可以肯定全人類必遭毀滅。眞是好險。

然而，爲什麼甘迺迪沒有用到一兵一卒，就能說服蘇聯撤除進駐古巴的核彈裝備？原因正是他顯露出揉合各種認知技能的突出特質，而這些認知技能正是構成本書主題「主管智商」三大類別的要件，他利用這些技能，獲得解決危機的最好方法。

當甘迺迪第一次聽到蘇聯在古巴境內建置核武基地時，他便知道必須採取行動。因爲美國根本不容許蘇聯在自家後門爲所欲爲。蘇聯架設飛彈可被視爲打破冷戰時期強權平衡的重大轉變，若是容許蘇聯在古巴建立飛彈灘頭堡，會重創甘迺迪總統在國內的聲望，同時更使他備受美國軍方指責過於軟弱的批評。

雖然甘迺迪對以上各種考量了然於胸，也和內閣及參謀首長聯席會議密商對策，但是身爲總統的他卻不曾忘卻自己的基本使命和最重要的目標：確保不論採取哪種因應措施，都不會把美蘇兩個強權逼到死角，迫使任何一方採取核武反擊。

參謀首長聯席會議成員強烈主張美國應立即發動大規模全面軍事行動。唯有這樣做，才能使美國快速殲滅古巴國防和蘇聯駐軍，他們力主美國必須對蘇聯的政治野心作出先發制人的果斷反應。當甘迺迪詢問若採取先發制人，蘇聯將會有何反應時，美國空軍總司令柯蒂斯·李梅（Curtis Lemay）斷然表示蘇聯不敢採取軍事反擊行動。參謀首長聯席會議其中一位成員更主張要動用核武，因爲蘇聯遭到攻擊時，將會毫無疑問的動用核武還擊。

這些將領的建議使得甘迺迪憂心不已，不僅是因爲他發現到將領們的推理邏輯可怕得無法令人放心。同時他知道赫魯雪夫身邊的將領也在做同樣的決策。甘迺迪了解採取軍事行動將會使任何一方失去控制。他的弟弟羅伯・甘迺迪就對這些軍事將領的推理作出嚴厲反諷：「如果他們誤判蘇聯的反應，那麼地球上將沒有人可以生存下來。」

在採取任何行動前，甘迺迪總統充分掌握每個步驟，他先是以赫魯雪夫的觀點來看待這問題。在每個環節上，他也儘量使赫魯雪夫輕易作出讓步，同時也給足他面子。因爲他有信心赫魯雪夫同樣關心當前情況十分危急，而他也不想在古巴與美國開戰。利用這個洞見，甘迺迪有理由相信赫魯雪夫寧願選擇和平解決方案，而不是與美國正面軍事衝突。

這時美國國防部長麥克拉馬拉則提出一項更令人滿意的行動——對古巴實施海上封鎖，迫使蘇聯無法繼續在古巴境內建設飛彈基地。甘迺迪隨即接受他的建議。這項行動讓美國成功向蘇聯發出一項訊息，表示美方對移除這些核武設施十分關切，但卻不會給雙方帶來立即的威脅。甘迺迪知道任何公開的軍事行動，勢必迅速引起緊張情勢升高，和潛在著不理性的反應。即使將領和國會部分議員指責他疏於職守（正如當時總司令便對外宣稱他這種非軍事性行動將使整個國家墜入萬丈深淵），但甘迺迪知道自己的立場站得住，對總司令的不當批評也無法苟同。而自始至終甘迺迪都堅守著自己的立場。

甘迺迪有能力站在蘇聯的角度檢視整個情勢，使他獲得一個出色的可能解決方案。這麼多年以來，蘇聯也一直關切美國仍維持在土耳其境內的飛彈設施，而這些飛彈射程更涵蓋了整個蘇聯境內。不過，這些飛彈已日漸老化，而且土耳其也早已納入美國派駐地中海地區的北極星核子航空母艦的保護傘內。在過去十八月以來，甘迺迪已兩次表示將土耳其境內飛彈全部移除的意願，但他的命令還未下達。這時甘迺迪從古巴危機中想出一項絕佳方案。

甘迺迪總統派遣他的弟弟羅伯私下會晤蘇聯駐美大使安納多利・都布雷寧（Anatoly Dobryin）。正如甘迺迪總統的先前預測，都布雷寧提出「美國必須撤除土耳其境內所有飛彈以交換蘇聯移除古巴境內飛彈」的建議。這時羅伯告訴都布雷寧，美國不會因爲威脅而作出任何讓步，不過甘迺迪總統深信美國將不再動用到土耳其境內的飛彈。如果蘇聯立即撤除古巴境內的飛彈，不出幾個月他們就會發現美國在土耳其境內的飛彈也會消失無蹤。

於是甘迺迪爲赫魯雪夫撤除古巴境內飛彈提供了一項勝利保證：赫魯雪夫可以撤除古巴飛彈，向他的將領們宣布取得這項勝利，宣布已獲得美國將撤除土耳其飛彈的承諾，使蘇聯境內長期受到的威脅得到解除。赫魯雪夫很快便接受了甘迺迪開出的條件。當得知成功解決這項危機時，甘迺迪無疑給了內閣一個最精確完美的答案；而自始至終並沒有人曾提出過這項能在蘇聯強敵身上獲得全面勝利的建議方案。

甘迺迪是如何得到這個令人拍案叫絕的成果？答案是他把「主管智商」三大類別中的各種認知技能發揮得淋漓盡致。甘迺迪充分體認各種事實中可以得到或無法得到的推斷，還有謀士們所提出的各種建議處理方案。同時他仍然高度意識到蘇聯的觀點，和他們可能採取的反應。此外，他也慎重考慮批評者持反對意見背後的意義，但他更知道堅守立場的重要。於是他利用自己的理性推論去引導整個國家達成一個正確健全的解決行動方案。

甘迺迪打下這項豐功偉業是在一九六二年，而且很明顯的，也應該有其他傑出成就的明星人物早在甘迺迪之前出現過。但是爲什麼到目前爲止還沒有人發現「主管智商」？答案就是，雖然這些技能被確認爲是高階主管績效表現的核心所在，但卻從沒有人知道這些技能是如何縱橫交織成爲一種獨特的、一致的、可評量的「領導智商」的形式，而它就是「主管智商」——這智商並非聚焦在學習潛能測驗，而是在個人管理工作的特質上。

各行各業都需要的技能

「主管智商」不只是對公司執行長的決策十分重要，同時也適用於各種不同職階的主管身上。同時它更支配了公民營企業領導者的績效表現。不過，如同其他理論一樣，也必須從一些現實生活中的案例，去充分剖析如何將這個理論化爲實際行動。

二〇〇一年九月十一日美國紐約市和賓夕法尼亞州經歷了空前浩劫後，美國紅十字會立即成立「自由基金」(the Liberty Fund)，爲受難者及其家庭展開募款行動。頃刻間龐大的捐款湧至，募得金額超過五億六千四百萬美元。但隨即卻爆發出一項令人震驚的祕聞——逾半捐款並未用來振災，反而被挪用在紅十字會行政支出和未來需求上面。

當時紅十字會總裁蓓娜汀・希利(Barnadine Healy)在美國國會聽證會上爲該會這項行爲強烈辯護。「自由基金是一個戰爭基金，它早被發展成一個戰爭基金。」她說：「我們必須保留部分捐款作爲儲備之用。如果美國派兵到海外作戰，我們就需要有足夠資源協助自己的軍隊，也要有足夠的資源幫助未來恐怖活動攻擊的遇難者。」這番話引起捐款者和政府主管部門的震怒，因此一項公開的國會調查行動便宣告展開。

紅十字會爲九一一事件進行募捐，不料善款除了幫助受難者及其家屬外，竟然還會有別的用途，這顯示出該會領導階層的無能，竟絲毫沒有預料到捐款者和政府有關部門的可能情緒反應。而面對這個事實時，希利卻嚴重誤判社會大眾的看法，拒絕接受各方批評，並視之爲無理的責難，此舉只會讓情勢繼續惡化。用「主管智商」的角度來看，希利顯露出來的正是認知上的缺失，當她的行動出現重大瑕疵時，她感受不到，體認不到，也就無法迅速承認錯誤，作出改變。由於紅十字會的失策，也由於希利沒有承認自己的錯誤並作出修正，使得數以千計的捐款者要求紅十字會明確提出他們捐款的去處，甚至要求該會退還捐款。

這個實例說明了在任何領域的領導決策，是如何被「主管智商」核心中的各種認知技能來加以分析。而透過這種分析，就可以更易於了解經理人成敗的主要原因。至於下面提及的則是一個完全不同的產業中，比利・畢恩（Billy Beane）如何運用自己的「主管智商」，去革新美國職棒大聯盟的管理制度。

自一九九〇年代以來，唯有擁有大量球迷和龐大經費的美國職棒球團才能角逐總冠軍，這已然成爲一項傳統。當時畢恩是奧克蘭運動家隊（Oakland A's）的總經理，他利用只有聯盟中頂尖對手紐約洋基隊的三分之一經費，打造出一支實力強大的球隊。從一九九九到二〇〇四年期間，運動家隊的勝敗總戰績高居美國職棒聯盟的第二位；一九九八到二〇〇四年，棒球產業中許多球隊的營運都呈虧損狀況，但畢恩領導的奧克蘭運動家隊不但損益打平，還曾經出現盈餘。

畢恩拒絕遵循百年來評估最有價值選手的傳統，該評估標準是以打擊率、得分和全壘打數等傳統統計數據爲主，這些統計數據決定了每一名選手對球隊成功的貢獻度有多少。畢恩認爲這些傳統測量標準忽略了許多重要的因素。例如，一名打擊者的主要貢獻是因爲他有能力讓自己上壘？把投手搞得精疲力竭？還是讓隊友更輕易上壘得分？這個思考讓畢恩得以發掘一些傳統評選找不到的、有耐性的選手，稱得上對球隊貢獻是有價值的人，因爲他們的打擊可以迫使敵隊投手的投球數增加，耗損投手的體力和信心。因此，畢恩發現到的是藉著折損對方投手這項技能，幫助球隊獲得勝利。

這是一個有關畢恩個人，這位當今美國職棒最傑出的總經理，如何用完全不同的方法審視傳統做法，進而改善了自己球隊的體質。以「主管智商」的角度來看，畢恩嚴格批判過去球隊選秀的評分假設，重新檢視有價值球員的評鑑標準，而他這項洞見也讓運動家隊組成了一支讓球員更爲緊密合作的隊伍，並成爲聯盟中攻守更有效率的棒球隊。此外，更重要的是，他選的選手不見得是其他球隊所認爲值得爭取的選手，這使運動家隊避免和其他球隊爭取天才型選手，也就不用爲這些選手付出天價薪酬。

「主管智商」是一個極其重要的內在羅盤（internal compass），決定個人採取的行動將如何明智熟練。這並不是說明星主管就不用聽取自己的直覺或外界的專業意見，相對的，他們還會運用自己的「主管智商」，決定在什麼時候聽取和付出多少注意力。畢竟個人直覺或他人意見可能導向一個更好的決策，有時卻正好相反。而「主管智商」就是了解其中差異所在。例如，它需要運用敏銳度去體認某個解決方案雖十分有利，卻不被接受的事實。這可能爲我們帶來勇氣，因爲眞理不見得等同於受歡迎的事物。當畢恩放棄傳統想法而受到聯盟的質疑時，他卻不曾放棄過自己的既定策略。他知道這些批評毫無道理，而且對自己分析的正確性相當有信心。

「主管智商」有助我們從他人的成敗案例上學習教訓，但它並不是另一個樣板或範例，可以指示人們採取哪些步驟達成決策。「主管智商」也對與眾不同的人才如何思考，如何得到最耀眼的決策作出進一步解釋，它不僅是發生在企業內，同時也在現實生活之中。

第三章摘要

◎雖然預測學童學習智商的認知技能早已被接受很久，但人們還是誤認為目前沒有類似可以決定主管智商技能的測驗存在。

◎學童學習智商測驗的設計，是以一些問答題目來評估學校學科的學習潛能，像是算術、語彙等技能。

◎「主管智商」的焦點是放在主管工作的各項「主題」上，分別是：完成工作、與他人共事和取得別人合作，自我評估與調整。

◎如同個人對數學的精通熟練取決於加減乘除的能力，一些特別的認知技能也同樣決定了主管工作在每一個「主題」上的成敗。

◎為了成為一位明星人物，個人必須在主管工作的三大主要類別上均擁有堅強實力。

◎「主管智商」決定了公民營領域、各行各業不同職階的主管決策技能。

4

「對的人」越多越好

企業決策不能單靠執行長

決策權分散與下放，
讓擁有擔負決策重任的正確人才顯著增加，
是公司超越競爭對手的原因之一。
彼得・聖吉在《第五項修練》書中，
便不斷強調公司組織中成員相互依賴的特性。
非凡成就永遠都不是某個人的功勞。

競爭優勢：爲什麼有些人與眾不同

公司組織中「人的素質」早被確認爲公司成功的決定性因素。同時也很清楚的，與眾不同的主管人才是十分珍貴的，所以確認和培育「對的人」是最重要的事。但是目前爲止我們還沒有對一些明確的特質有深入了解，而這些特質能夠使現今經理人在全球市場脫穎而出。也就是說，我們仍無法對這些能使公司致勝成功的領導者，清楚的予以確認出來、積極培育。而這個就是「主管智商」理論力圖塡補的缺陷。

在柯林斯的經典之作《從A到A＋》（*Good to Great*）一書中，他研究一些通過變革的企業，從表現平平到長期獲利，大幅超越他們的競爭對手。尤其是他更強調企業成長的最大限制，在於難以吸引和保持足夠「對的」人才。

當威爾許在敍述他如何帶領奇異電器成爲全球最傑出企業時，也重申了以上這項「咒語」。他始終堅持公司執行長的主要職責，是在企業中確認和發展明星主管人才。他知道奇異電器的明星人物將決定公司成敗，同時他更花了自己百分之六十的工作時間，在評量和培育奇異電器的人才庫上面。

黑人娛樂電視台總裁強森，更進一步闡明這些人在成功企業中所扮演的角色：

「對我來說，明星主管人才就是能把事情做對的人。他們的心智條理分明、注意力高度集中。他們會看到哪些事需要完成，也知道如何把它做到最好。他們整體表現合乎邏輯，相當清晰，而且他們明白如何把你的理念轉化爲具體行動。因此，這些人有別於那些只會點頭附和的人，他們會向你發出警告，你必須停下腳步，聽聽他們的合理建言。因爲通常他們對爲什麼有些事情會阻礙你發揮能力、無法達成目標，都會有很好的看法。所以你必須重視他們。但很不幸的，即使這些人大多決定了你的成功程度，可是這類人才相當不足，而且也很難發現他們。」

正如強森所說，發現和擁有這些與眾不同的人，是每一家企業都將面對的苦鬥。而雅虎公司營運長丹·羅森韋格（Dan Rosensweig）則詳述該公司儘管面臨到這項挑戰，但仍成功維持巨幅成長：

「沒有任何一家公司能免於傑出人才短缺之苦；而這就是爲什麼爭取頂尖人才是雅虎最優先的關切事項。雅虎執行長泰利·森美爾（Terry Semel）的長處之一，是該公司剛起步時就了解到經營團隊的品質將決定公司成敗。而在這個變化快速、高度競爭的市場環境裡，也是我們團隊的優勢，決定了公司成功的程度。

雖然如此，我們也實際體會到發掘更多優秀人才有多麼困難。而那就是爲什麼我們知道並不是每一項企業創新的優先性都一致。所以我們不斷重新評估，以便『對的人』能提出更重要的創新。而這就是為什麼雅虎能夠繼續在市場中居於領先地位的原因，儘管優質人力是那麼普遍缺乏，需求又是那麼大。」

羅森韋格認為，即使是再成功的企業都得面對尋找足夠優秀人才的挑戰。但雅虎卻慎重確定自己能維持一個高素質的工作團隊。所以它不只是將最合適的人放在正確職位上，而是調整公司的體制，以便把最具挑戰性和重要創新的議題能交付給最合適的人處理。

無可否認，員工的素質是公司成功的決定性因素。不過，在現今高度競爭的市場環境裡，到底是什麼使這些人才能擁有如此重要的優勢？透過清楚說明主管的工作需求轉變，有助我們了解最好的經理人必須擁有哪些能力。當我們看到今日企業全球化的特性，已改變了傳統經營管理模式時，卓越的「主管智商」因此也必須遍及整個公司，不再只是最高領導階層的事情了。

杜拉克在《下一個社會》（*Managing In the Next Society*）書中描述一個公司的策略有時在往後二、三十年都能長久適用。例如，通用汽車、美國電話電報公司和熙爾施（Sears）就曾實施過各種長程計畫。不過，杜拉克警告，未來這不再是一項可行的抉擇。杜拉克指出，在今日這個變化迅速的市場，需要不斷對策略和執行作出調整。執行長和顧問專家不能再單憑擬定一個線性的成功藍圖，就期望員工能有效的逐步實施。今日許多的決策和行動計畫都必須在情況急迫之中形成和調整。這對執行長個人來說，要他適時作出這麼多的決策和調整是不容易的。因此，結果是企業必須認知到，將權力和責任下放到更多人身上。雅芳執行長鍾彬嫻就此作出進一步說明：

「決策在現今企業環境裡是分散的，而決策往往在地方層級或職務操作層級中便已完成。你不可能只憑二到三位思考清晰的人，就能使公司持續成長，因爲你的成功必須倚賴各層級員工作出良好決策——他們分別是銷售人員、行銷人員、策略企畫人員和其他人等。也即是說每一個人都必須要有精明的頭腦。

如果你無法在一個像我們這樣追求成長的企業裡，擁有大量有品質的思考和想法時，表示你的公司存在著各種不著邊際、抓不到核心的討論，而這些討論是來自於錯誤訊息和不成熟的見解。這樣便會造成公司營運走下坡。同時這也是爲什麼一些企業在各個職位上沒有好的人才或思考能力，導致公司營收仍舊只有一億、而不是十億美元的關鍵所在。」

正如鍾指出決策責任分散有其不利的一面，現在有許多決策者在制定決策時都沒有受到經常性的監督，這表示經理人的商業判斷能力拙劣，極可能會對公司帶來立即而顯著的負面效果。而錯誤通常都會悄悄惡化，然後忽然造成重大傷害。經營者將決策制訂的責任加以分散的結果，突顯了一個重點，那就是整個組織中的經理人都必須具備熟練的判斷力；而且這個重點比以前更爲重要。這表示更多「主管智商」散布在各個階層上的企業，能擁有更多競爭優勢。例如，戴爾電腦公司執行長凱文・羅林斯（Kevin Rollins）就清楚指出擁有一群合作無間的優秀人才的好處：

「爲了藉由不同人的看法來改善商品，我們採用集體思考方式，最後呈現出來的成果通常都和先前所想的有很大不同。像我們現在的印表機和影像器材就做得很好：雖然商品創意是來自於創辦人麥可・戴爾，但是最後成果仍是經過公司各個領導人物積極參與和提出建議而成，所以它是一個集體的策略，而不是由個人創造出來。透過這個方針自然形成一個不斷演進的、更好的策略，而它就是公司的一大特質。

現在我們的風格就像是一九九〇年代美國芝加哥公牛籃球隊那樣。他們擁有一群天才型球員，讓自己贏得不少總冠軍寶座。而這也同樣是爲什麼我們表現那麼出色的主要原因。至今我們還在不斷尋找新的麥可・喬登和史葛堤・皮朋等優秀好手。我們需要一群實力堅強的選手，因爲作爲一個團隊，與最好人才緊密合作，必能相互激發出巨大潛能。」

杜拉克更指出一項同樣重要的理由，說明爲什麼「對的人才」在現今市場十分重要：即這些人決定了你的公司如何有效運用一切資源。杜拉克解釋，物質資源與資訊資源是每家企業都可以取得的，這些因素不是競爭利基的主要關鍵來源。因此，將手中資源做更具效益的運用，就區別出這家公司的績效表現與其他同行的不同。

柯林斯對此也有相同的結論。他發現到績效表現驚人的公司所獲得的資訊，並不比競爭對手來得好，但是他們卻能不斷把同樣的資訊做最有效的運用。這就是他們有能力去理解這些資訊，把它化爲實際行動，並獲得重大成果。到底這些資源是如何被充分運用，柯林斯認爲原因在於這些公司經理人的卓越決策能力。這再一次證明擁有「對的人」擔負決策重任，對公司整體表現帶來深遠影響。柯林斯把這些特別的人視爲有獨特能力從事「準則性思考和行動」（disciplined thought and action）的人。羅林斯則描述戴爾電腦員工如何藉著重新詮釋資訊，提供公司一個明確競爭優勢，建立起他們驚人的成功企業營運模式：

「我們認爲用資訊來代替盤點庫存比較好，因此公司必須在供應線上，更有效率的盡力做到資訊流通，這可讓供貨速度增加，存貨也會減少。傳統上公司都在極力防堵資訊流出，不願與供應商分享，因爲這可能會使公司失去和供應商協商的餘地。但事實上我們卻發現，公開和供應商分享資訊反而使他們的配合度高許多。網際網路更大大促進了這項能力，因爲你可以同步取得全球的即時資訊。我們已經體會到這個情況，也都在說它的奇妙之處。盤點庫存令人討厭，但資訊流通則會帶來幫助。所以我們就用有關資訊去加速庫存的流通。

目前其他公司也同樣採取這個做法，提高資訊流在企業流程中的角色。但它仍然是我們供應鏈管理模式中的一個顯著標記。公司藉著對客户和供應商的理解與整合，應用到我們的生產流程，這樣我們就可以使客戶需求和供應商供貨同步一致。這就是我們用資訊取代盤點庫存的目的，也讓我們的成本下降。」

爲了消除盤點庫存的煩惱，也爲了降低成本，戴爾公司這項運用資訊的主張，遂成爲傳奇故事，也廣泛被其他許多企業抄襲。它的基本邏輯十分正確，而這項後見之明看來對該行業中每家公司都十分受用。戴爾是率先認知到如何運用資訊超越競爭對手的公司。

那麼該如何去了解一位經理人是否有能力向高層提出這類精明有效的見解？從杜拉克、威爾許和柯林斯的行爲中，就能提供我們一些重要洞見，即主管決策在今日全球市場正扮演一個有效工具的角色。不過，這些企業專家卻沒有進一步提供我們正在探尋的這些特質的清楚說明。

用「正確的（對的）人」、「訓練有素的人」或「明星人物」等詞彙來說明是不夠的。這些說明就像是某個警察局發出訊息說某銀行遭到搶劫，請各警崗密切注意這名搶匪。這時你需要更多特別的訊息：例如「一位年約五十多歲的白人女性，穿著白色外套，攜有兩個手提包徒步往第一大道逃逸」。

所以，究竟是什麼，能使我們發現「明星主管」？而「主管智商」理論就是針對優秀決策核心中的所有技能，提供我們一個清楚解析。一旦我們確認這些技能，就可以決定哪些人擁有它們，把這些人放在適當職位上，讓他們充分發揮，使公司得到最大成功。

成功孕育更多成功

擁有擔負決策重任的人顯著增加，是公司獲得更多精明主管、超越競爭對手的原因之一。而還有另一個「複合動力」（complex dynamic）賦予這些公司一個決定性優勢：即他們有能力創造出一個需要、認知和獎勵這些特質的氛圍。為什麼這「複合動力」如此重要？因為單憑擁有高等主管智商的個人，並無法突破自己的侷限，除非，圍繞在他身邊的人都同樣擁有高等主管智商。

每一個人的表現優劣，都會受到自己身邊人士素質好壞所影響。美國麻省理工史隆管理學院教授彼得・聖吉（Peter Senge）在一九九〇年的經典之作《第五項修練：學習型組織的藝術與實務》（*The Fifth Discipline: The Art and Practice of the Learning Organization*）一書中，便不斷強調公司組織中成員相互依賴的特性。不論個人想法有多棒，如果沒有其他人的幫助和支持——有技巧的確認這個想法的價值，幫助改善然後加以推行——這個人的最好想法終會消失。因此，聖吉在研究報告中提出一個存在公司組織裡的引爆點，只要公司把足夠的優秀人才凝聚在一起，相互提攜合作，就必定能夠超越巔峰。

威爾許也表示奇異電器群聚一群重要人才的重要性。爲了讓員工得到最高績效表現，他建議必須在公司創造一個聚集同樣精明的人才的工作環境。

「我們創造出一個氛圍，讓優秀人才在其中相互激勵，從分享和挑戰對方的看法中得到成長，到最後，我們有能力進入一個更高境界。創造一個重整體性的環境，較側重某些部分來得重要，而它也就是管理上的一大挑戰。」

戴爾電腦領導階層也同樣體認到，爲了達到卓越績效表現，在公司中遍布更多優秀人才是何等重要的事。羅林斯說：

「我們公司遍布A級的頂尖好手，所以我們知道好的決策和重要意見將會源源不絕。例如，我們過去習慣維持三十天的存貨。現在我們決定把存貨縮短到二十天。沒想到歐洲團隊卻指出，何不縮短到十四天？經過研究分析，我們便把全球存貨量減至十四天，但隨即有另一個團隊提出大可縮減到七天。目前我們仍維持這種跳躍式風格，團隊之間的良好互動和競爭，使我們的績效表現不斷提昇，而這是我們不曾想像過的。由於我們讓公司遍布這些頂尖好手，有此表現是絕對可能的。」

米哈里・契克森米哈伊（Mihaly Csikszentmihalyi）在其影響力深遠的著作《創造力》（*Creativity*）一書中，就提到他研究歷史上一些偉大經營管理案例後，發現偉大思考並不是來自於某個人，也更不會止於某個人。他研究了全世界最偉大的創新，包括達爾文的進化論、愛迪生發明電力和愛因思坦的相對論，研究結果讓他確認一個事實，即雖然這些優秀人才扮演著主要角色，但是他們只是團隊中的一份子而已，而這個團隊是激發、評估和延伸他們畫時代鉅獻的一大助力。

契克森米哈伊也透過一個更迷人的異常案例，做進一步的解釋。在一四〇〇到一四二五年期間，由五位不同藝術家在義大利佛羅倫斯設計塑造的五大藝術創作經典：分別是腓利普・布魯涅內斯基（Filippo Brunelleschi）打造圓型屋頂的佛羅倫斯大教堂、羅倫素・吉伯第（Lorenzo Ghiberti）的天堂之門、東拿帖羅（Donatello）在聖米迦勒葉園教堂的雕塑、馬薩其奧（Masaccio）在布蘭卡奇教堂的壁畫，和法布里亞諾（Gentile da Fabriano）在三聖教堂的「賢士來朝」油畫等。雖然有人可能會輕忽這種藝術的流露，並視其爲某種巧合，但根據契克森米哈伊的研究，卻顯示出上述五大世界名作的出現，絕非僅只是偶然。

事實上，他發現大力贊助這些藝術工程的佛羅倫斯教會人士、公會領袖和銀行家，在創作過程的每個階段都積極參與。此外，這些人士都對藝術創作有獨到精闢的鑑賞力，同時在每個創作階段都給予有意義的意見回饋。藝術家最後呈現出來的成果是透過通力合作而成，也反映出它是一個反覆運作的過程，他們不斷超越原來的侷限，創造出不只是無與倫比，而且更是永恆的藝術極致。

值得令人注意的是，這些藝術家原先一開始提出的看法都不曾被接受。他們的贊助者在撥款贊助之前，就不斷提出提昇藝術創作品質的意見。在這群藝術家當中，每一位藝術家都十分重要，但是如果沒有那些顯著不凡的贊助者，和其他觀眾主動熱烈提供建言的話，他們的創作永遠都無法獲得如此重大歷史成就。

契克森米哈伊的發現強化了「非凡成就永遠都不是某個人的功勞」，相對的，它是個人與其他優秀人才相互合作的具體成果。而且他也下了一個定論，強調凝聚一群優秀人才，群策群力所獲得的非凡成就較個人高許多。還有他更強調把群體當中的每個優秀人才結合起來，所得到的成果，會比個別人才的表現加總還要多。

柯林斯和威爾許都同樣指出企業獲得驚人績效表現的過程。他們認為透過「密集討論」去找到最好答案是十分重要的。但是這些討論可能會毫無效果——或許甚至會產生負面效果——如果參與者沒能力分辨出好壞消息，也沒能力看清楚有意義和沒希望的方向。美國時代華納執行長迪克・帕森斯（Dick Parsons）便作出以下精闢分析：

「你必須把最好的人才放在自己身邊，因為這些精明人士會讓你表現得更好。如果你團隊中都是些不具批判性思考的人，他們永遠都抓不到目標。他們會妨礙討論的品質和成果，因為他們只會問一些錯誤問題，把焦點集中在錯誤議題上。到最後這可能會限制你的團隊能夠發揮的功能。」

正如帕森斯所說，參與團隊運作者的素質，將會對最後成果帶來顯著影響。因此，只把團隊結合在一起，鼓勵他們相互挑戰看法，那是不夠的。在這些團隊裡面，總會有些頭腦不清楚的人，特別是那些高層人士，他們通常都會成爲嚴重障礙，使公司無法得到最理想的成果——因爲這些拙劣的人才無法分辨哪些意見是有價值，哪些又是錯誤的。大部分人會參與團隊會議，而通常所討論的都是些不相關的議題。這會讓那些眞心希望討論主要議題的成員，對這些不必要的瑣事和離題感到十分挫折。

除了討論品質下降之外，拙劣的領導者也有無法認知他人重要意見的傾向。

一九九九年美國康乃爾大學心理學家賈斯汀‧克魯格（Justin Kruger）和大衛‧唐寧（David Dunning）就針對優秀人才和平凡庸才進行一系列的研究。他們將研究成果發表在一篇名爲〈能力不足且毫無自知：自我辨識能力不足將導致誇大的自我評估〉（Unskilled and Unaware of it: How Difficulties Recognizing Ones Own Incompetence Lead to Inflated Self-Assessments）的文章中。

克魯格和唐寧分別在四個獨立研究中提出一些主題能力測驗，其中包括邏輯性的評量。然後，讓參與者在這些測驗中評估自己的表現，和臆測判斷其他個人提出的答案，在看到其他同儕的反應後，再重新評估自己的能力如何。

他們不僅發現到大部分無能的個人從來不曾注意到自己差劣的表現，同時也無法體會到其他人的優異決策，即使其中差異很大，結果也一樣。他們的表現愈差，他們的自我認知就更誇大。

例如，那些被評定爲只有十二分表現的人（一百爲滿分），會評估自己有六十二分。這種缺失也同樣發生在這些人的認知技能上，這很糟的讓他們在第一時間裡，便抗拒認知自己與別人的差異，更抗拒去了解別人比他們更優秀的事實。

生產安全監視器的領導品牌，美國新科技管理公司（New Technology Management）執行長露莉塔・東（Lurita Doan）就說：

「實在很難找得到有什麼人才，可以成爲促使你公司必須實現哪些重要事項的催化劑。更何況當前最大挑戰，是每一個人都認爲自己就是這種人——他們眞的深信不疑。

如果我要他們每個人走進我的辦公室，逐一寫下自己的特質，差不多每個人都會這樣形容自己，像是一個『創新的人』、『思考周延的人』和『勇於任事上進的人』。而且他們總是會說：『我有創意、懂得靈活變通和勇於創新。』他們對自己沒有絲毫懷疑。

事實上，每個人的能力和才華是有明顯差異的。只不過這些人都傾向忽視這些差異，因爲唯有忽視它，才不會使自己以爲是的看法變得不夠眞實。」

因此，拙劣的主管不只給自己帶來不好成果，同時也可能會對在他身邊的其他工作品質造成負面影響。當一家公司充斥許多這種頭腦不清楚的「拙劣思想家」時，再好的見解都會被壓制下來。

契克森米哈伊強調，太多障礙橫亙在良好決策的路上，就很容易使那些優秀人才的挫折感和冷漠油然而生。如果主管被迫去適應這種氛圍，當他們的寶貴建議不斷被漠視或得不到正面回饋時，很快便會感到挫折，同時也會失去鬥志，不再想繼續爲自己深信不疑的理念奮鬥下去。

爲了獲得卓越成果，公司都必須擁有頭腦清楚的「最優秀思想家」。然而，優秀主管通常都會被一些忽視他們最好意見的二流同仁所包圍。長久下來這會使最優秀的同仁備受挫折和疏離。由於人才本來就缺乏，而公司本身又沒有一套評量和發展這些明星人物的適當工具時，便造成很少公司能得到數量夠多的優秀人才，讓公司邁向巔峰。

第四章摘要

◎公司的成功是建立在員工的素質上，這早已被各方認定。但到目前爲止，到底是什麼能造就出一位「有品質」的人，則還不太清楚。

◎今日全球化的特性已改變了傳統管理模式，使得「卓越思考技能應遍布公司各個領域，而不只是領導階層」就十分重要。

◎不少決策者在制定決策時都不是經常受到監督，換言之，若是經理人的商業判斷能力拙劣，將會對公司帶來立即且深遠的負面影響。

◎讓更多「主管智商」遍布公司組織各個領域，這些公司便擁有更多競爭優勢，因爲公司較他們競爭對手更能有效的運用有利的資源。

◎能力平庸的個人通常都對其他人的優越思考或想法視而不見。

◎偉大思考並非來自於某個人，也不會止於某個人。將這些人才結合在一起，他們的集體表現會比其他個人好許多。

5
世界級的執行力

明星人才與平庸人才的差異

執行力是每一個主管的主要責任，
有效的執行包括去了解所有該了解的細節，
並且判斷各種可能的結果。
一個主管執行其工作的優劣，
也就決定了這個人才的層次與等級。

執行力（或把計畫貫徹完成）是最常見的企業術語之一，而且這個概念更早被認定為領導力成功之鑰。每一位世界級執行長都會很詳細的談論到，企業需要的不只是形成概念和系統策略，同時也須在直到策略完成時都能看得到創新。雖然「執行力」是全球公認的關鍵要項，但究竟是什麼因素，讓某些人能夠在某個活動上的表現具有特別引人注目之效果，其詳細的細節與實務方法究竟為何，眞正被瞭解的並不多。威爾許在一項關於領導力的談話中，用批評口吻強調執行力的主要角色：

「我看過一些失敗的企業大人物，都是在組織裡暢言策略，並把策略當作眞理與福音的執行長，然而他們本身卻不去貫徹執行。他們在策略提出後也不去質疑最終結果，或研判將會有哪些事情發生。而且也不曾根據實際發生的事做出必要調整。他們根本不曾完全投入，要是他們會採取直接行動，那還眞罕見。」

正如威爾許指出，從「意見表達」到「貫徹執行」這條路不是一條直線，相對的它是曲線。因為它會受到許多意想不到的因素影響，也即是說計畫必須隨時作出必要調整。而這就是為什麼一些樣板、模式和最好的管理實務，多多少少還是讓人感到有所不足的原因所在。個人執行能力的核心在於能夠體會和作出調整的技能。換句話說，「精明人士」可以看出一個特別計畫中將會有哪些意外挑戰，採取適當行動，決定結果的品質好壞。

曾任霍尼韋爾公司董事長及執行長的賴瑞·包熙迪（Larry Bossidy）和管理顧問瑞姆·夏藍（Ram Charan）在合著的暢銷書《執行力》中，便質疑傳統對於偉大領導力的看法，像是它主要集中在高層次思考、令人感到振奮的理念溝通，或是與對公司十分重要的人建立起良好的人際關係等。相對的，他們強調「執行力」是每一家公司領導者的主要責任，而且有效的執行力也必須要對各個實際情況全面投入，甚至更要了解每一個細節。以下是朗訊科技執行長羅素對以上全面投入的重要性所做的探討：

「擁有五萬名員工、只把焦點放在大方向上的領導者，正讓自己陷入麻煩當中。如果你不全面投入，你就不知道該問員工哪些問題。我不知道如果執行長不親自參與，那麼他的工作職責還能是些什麼？當你不了解公司目前正在發生哪些事時，試問你又如何管理這家公司？

當我在一九九〇年代負責美國電話電報公司企業溝通系統部門時，我相當重視開誠布公的溝通。該公司組織架構十分講究階級，而我也感受到員工怯於溝通。因此，我鼓勵每一個人，如果他們認爲公司所做的事不太有意義的話，就必須在第一時間向自己主管反映。我很清楚的告訴他們，如果向主管反映不獲回應時，可以直接跟我說。當時這個做法被看成異端，因爲這根本不是美國電話電報公司的企業文化。

雖然我沒有接到太多來電，但還是有一些些，而且這都是十分重要的電話。例如，我曾接到亞特蘭大客服中心一位女同事的電話。那時我們剛剛重新安排區部銷售架構，對區部畫分做了調整。她的聲音透露著要命的緊張，『派翠西亞，我要說的是，重整銷售區部架構眞是做錯了。一年前我們把一大批客户納入亞特蘭大客服中心，而且也花了十二個月的時間和他們建立起十分良好的關係。我們眞的做得很好，客户也非常滿意。但是我剛剛聽到，公司竟然打算把這些客户挪給其他客服中心！我相信，公司有這樣的決定，應該是那些區部主管權力鬥爭下的結果吧。』這時，我跟她說，我非常謝謝她提出這個看法，而且我會去處理這個問題。

接著我便致電與這件事有密切關係的兩位區部主管，跟他們說：『我知道公司正計畫把部分客户從亞特蘭大客服中心移至另一個客服中心，而這些客户在一年前才納入，現在又要移轉。我不知道這是不是事實，不過如果是的話，我眞的很希望你們可以告訴我這個計畫實施的目的。我們爲什麼要這樣做？』經過一番討論，我就雙方的談話作出以下結論，『我知道你在說什麼，可是我還是看不到這樣做對客户有什麼好處。』接下來更有趣，他們居然因爲電話中做出的結論認爲這樣做對客户沒有好處，而又提出了另一個新的提議回應我。這就是一個典型案例，一個可能讓公司蒙受重大損失的計畫，只不過是兩位主管爭奪地盤的結果，而非從客户利益著眼。如果這位遠在亞特蘭大客服中心的女員工永遠沒有打這個電話，而我也永遠聽不到這個告白，我們就會犯下一個重大錯誤，讓客户感到不便和憂心。」

派翠西亞的故事顯示出偉大領導者可以透過詢問員工一些尖銳問題和質疑他們的想法，積極投入自己公司的運作。而這也被包熙迪和夏藍視爲領導者最重要的事情，他們更把偉大領導者的作爲描述爲一個系統化過程，在過程中精確討論「哪些事正在發生」、「哪些事應該會發生」、「如何把事情做好」，再加上不斷跟進一些能確保自己已完全投入的問題。「唯有領導者才可以問一些員工必須回答的尖銳問題，」他們在書中如此描述，「然後掌控討論資訊和做出正確決策的整個過程。而且也唯有親自全力投入公司的領導者，才可以充分掌握了解到整個實際情形，提出最尖銳艱深的問題。」

雖然這並不是說主管必須深入了解公司中每一個大大小小的工作是如何完成，但是他們必須掌握更多資訊，才有能力去挑戰和確保自己的決策完整可靠。威爾許以他自己在奇異電器任職期間的經驗，做出以下說明：

「我不知道如何設計一個醫療器材，但是我必須了解整個競爭市場環境。這醫療器材是否符合市場需要，我的員工需要哪些資源，我都要弄清楚。這是我的職責，即使很明顯的我並不是設計這部器材的人。」

威爾許、包熙迪和夏藍都同聲建議領導者必須有能力提出尖銳和具有挑戰性的對話，這決定了他執行一個策略的好壞。「這類對話，」據包熙迪和夏藍指出，「就是工作的基本元素……透過這類有建設性的溝通對話，會把工作做到最好。」沒有這類對話，領導者必然失敗。至於這類對話的品質，他們一致認爲關鍵就在領導者的能力。威爾許說：

「對沒什麼經驗也沒有什麼技能、無意中坐上高位的人來說，他們無法全盤跟進和問出好的問題。因此，他們不知道自己公司的整體情況。他們不知道到底有哪些缺點需要改進，又有哪些機會可以確實掌握。而這些都需要針對目前員工正在進行的工作進行密集的討論，也需要抱持合理的懷疑。」

正如威爾許所說，有意義的對話是摻雜著密集討論和合理懷疑，這是成功的必要條件。但是像威爾許這些傑出領導者是如何能夠不斷使這類對話如此有效用？換句話說，是哪些技能讓他們做得如此出色？令人驚訝的是當提出這個問題時，明星主管自己的回答都指向一些廣泛的概念，像是商業頭腦或天賦奇才等。因此大部分最佳領導者仍未察覺這些使他們執行力更優於員工部屬的顯著特質。到目前爲止這個差異的存在仍十分明顯。

當談到執行力時，完成工作的技能就區分出明星人才的層次等級。例如，身爲職業籃球選手，我們都知道他們必須有哪些表現——投籃得分、幫助隊友得分或積極防守等。但是爲什麼有些球員的表現優於隊友？在籃球場上，這些優勝資質就是指速度、彈跳能力和反應等。而這些都是區別運動選手好壞的天賦能力（raw ability）。

在企業界中，也有一些天賦能力，成爲獲得成功的核心。這些能力就是主管問問題的品質、評估手邊資訊的技能、如何準確預料採取行動後可能發生的結果等，這能區別出明星人才的層次等級。這些天賦能力就是「主管智商」所有構成要素，而最好的主管就是借重這些技能，建立起有價值的企業。也即是說，他們全面貫徹執行力，不斷超越同儕。

美國富俊公司（Fortune Brands）總裁和執行長諾姆・衛斯理（Norm Wesley）就創造了這樣一家公司。富俊擁有許多如金賓波本酒（Jim Beam）、碳塗力士高爾夫球具（Titleist）和夢龍衛浴設備（Moen）等知名品牌。在衛斯理就任執行長期間，該公司的表現持續領先其他消費品公司，擁有龐大市場。

自他在一九九〇年年底出任執行長後，二〇〇四年富俊公司銷售額由五十五億美元增加到七十億美元。這段期間股東年報酬率平均上升了百分之二十一，而相對的，同時期美國標準普爾五百指數則下跌百分之四。富俊公司股價更由原來的三十三美元上升到八十多美元。而衛斯理那尖銳且有建設性的對話，無疑在富俊業績成長上扮演著中心角色。

「正當我們最優先的目標是內部成長時，我們也成功進行了若干報酬率極高的併購計畫。不過即使某項併購計畫看起來是那麼穩當，還是需要去確實執行和擬定所有行動方案。而在我們優異的績效表現中最主要的部分，就是擁有一個開誠布公的對話。在進行任何併購計畫前，我們都會進行這類對話，以檢驗公司是否眞有能力確實執行。到最後這項眞理終於被成功驗證，而它也是我們成功最大的動力。」

衛斯理也評論領導者主導這項對話的角色扮演，發掘潛在問題，探尋事情眞相：

「我是從自己第一位老闆那裡學會這門功課的。他對我個人在職涯發展中成爲一位領導者具有十分巨大的影響。他相當堅持要有系統的問問題，並且要追探對方的想法。在我還沒了解他的眞正用意前，我常被他問得十分焦慮，希望轉到別的話題。但是我很快的就學習到他這種挑戰行爲何其重要。因爲他不斷透過討論，發掘事情眞相，而這眞相和先前所看到的事情是那麼不一樣。另一位對我事業發展有重大影響的老闆，我稱他爲『榴彈發射器』。他所說的話都有意引起衝突，迫使他人進入尖銳的對話。

到了今日，以上這兩種角色都不是我個人獨特的風格。因爲我是一個重視數據的人。可是我能體會到當數據和對話無法吻合時的矛盾差異。此外，雖然我們都各自有不同風格，但是我們的目標仍卻一致——去找出事情眞相和掌握目前實際情況。因此你就得努力向下發掘，務使眞相大白。

例如，我們正在考慮一項可能的海外併購計畫，併購對象看起來挺合乎公司某個部門的需求。從表面上看來，它實在是太棒了。它擁有一個良好品牌，市場定位在高收入階層。而且它能提供一個我們期盼已久的龐大市場，和提高公司的知名度。於是我和公司部門主管便飛往該公司和他們展開會談。透過雙方對話，我很快就知道他們公司管理團隊對自己正面臨的各種問題和成本結構，了解得並不深入也不全面。同時他們也沒有問問自己同事公司正面臨哪些棘手的問題。而且更糟的是，他們全部看起來都不太願意觸及這些尖銳問題。因此，我們不可能併購這家公司，而且對這家公司的領導階層也沒什麼信心，我們覺得他們不能體認和執行各種爲求成功的必須行動。最後我們退出這個併購計畫。」

衛斯理強烈相信這種即時雙向溝通討論的重要性，在一九九九年他刻意把富俊公司總部從康乃狄克州遷到芝加哥，爲的就是要與他的子公司有更密切的接觸與互動。地理位置上的接近，解決了許多後勤障礙的問題，並維持了這些溝通與對話；而這些溝通與對話，正是衛斯理認爲他們企業文化之核心所在。他遷移總部的決定，反映出他把緊密合作和對話，視爲最優先的事項，這樣做是爲了確保富俊公司能擁有世界級的執行力。衛斯理這項決策是一個集威爾許、包熙迪和夏藍等觀察心得大成的最明確實例，我們必須創造出一個使員工高度參與、擁有挑戰性對話的工作環境，並成爲公司獲得新視野和達成目標的重要手段。

這些管理專家的眞知灼見，有助我們了解最好的領導者是如何堅持到底、貫徹始終。藉著把焦點集中到這些成功背後的基本技能，我們可以更準確的比較主管人才素質的層次。如果沒有這個理解的話，我們將永遠無法確定決策大任是否已經交付到最優秀的人才手上。而「主管智商」理論終於界定了有效執行力所必須的技能。

第五章摘要

◎執行力（或堅持到底）是任何一位主管都必須承擔的重大責任。

◎主管智商不僅使個人發展出一項成功策略，同時也直接影響到主管從企畫案擬出到完成期間的效能。

◎每一個計畫都必須作出調整和修正，以應付不可預知的挑戰。為了有效執行一項策略，主管必須全面投入，掌控全局和了解每一個細節。

◎偉大領導者藉著問一些尖銳問題、挑戰員工的想法，透過系統化過程，和他們討論現正發生哪些事、將會發生哪些事，和如何妥善因應，確保自己是高度參與其中。

◎領導者是否有能力進行清晰明確的對話，將決定他執行策略成果的好壞。

第二篇
主管人才何以難覓

6

盲目決策

只求快速、未經思考的現代決策者

主管拙劣的判斷力是
造成企業潰敗的最重要原因。
更嚴重的是，
這些主管往往被委以重任、位居要津。
由於他們無力體認到自己的不足，
無力挖掘問題發生的眞實原因，
也無力預料採取各種行動
將會帶來哪些預期或意外的後果，
導致許多企業被他們帶向晦暗的未來。

主管人才的缺口

招募主管人員時，大部分領導理論都會使我們感到困擾，無法把焦點集中在最主要的評選標準上。結果是我們擁有不少表現拙劣的主管，反而只有少數幾個人表現較好而已。要瞭解這個問題的重要性，我們必須根據形成「主管智商」的關鍵技能，來判斷並估計目前的管理團隊究竟有多好。但很不幸的，根據最近針對這個題目所做的研究結果顯示，答案十分令人沮喪。

在二〇〇二年，巴菲特解釋爲什麼決定由詹姆．契爾茲（Jim Kilts）出任吉列公司新任執行長時，就提到優秀主管嚴重缺乏的問題。「如果你聽到詹姆對公司情況的分析……他所說的每一件事都是那麼合理——坦白說，能找到一位像他那樣的人，是何等珍貴罕有。」巴菲特在這項令人感到不安的評論中，直指當前主管階層普遍缺乏判斷力，而他也絕對不是唯一提出這個看法的人。時代華納執行長帕森斯對此作出以下評論：

「眞正具有洞察力的人，能夠往最正確的方向前進，但這種人實在很少有。這並不是單一事件，它會不斷發生，因爲好的人才很難找到。目前許多主管在處理複雜問題時，都會感到棘手。他們常迷失在數據資料當中，無法回頭看看哪些事情才是最重要的。」

正如帕森斯所說，主管人員能夠擁有出色的洞察力實在很稀少。一九九五年由人力資源專家楊克羅維奇和卡普納崔格（Yankelovich/Kepner-Tregoe）針對三百位資深主管，就同儕的決策技能進行研究調查，結果顯示高達百分之八十的主管認爲同儕無法達成目標。而超過一半的主管對同儕能否提出對引導行動有幫助的適當問題，更沒信心。同時也有百分之四十九的主管認爲，在掌握複雜情況的能力上，對同儕的表現只打了三到六分的評等而已。明顯的，在領導專家和大部分主管眼中，主管智商的嚴重缺乏，無疑是一項重大難題。

但更諷刺的是，雖然相當高比例的主管認爲同儕很欠缺主管智商，可是他們自己卻不太願意承認到自己身上。認知技能薄弱的人很少會注意到自己的不足。事實上，如同美國康乃爾大學學者賈斯汀和唐寧的研究報告指出，這些人也會有自我膨脹、誇大自己表現的傾向（見本書第四章）。

再者，許多領導專家更指出主管拙劣的判斷力是造成企業潰敗的最重要原因。美國達特茅斯學院學者席尼・芬克斯坦（Sydney Finkelstein）就曾針對最具毀滅性的企業錯誤進行研究。在他每一篇報告中，都慎重指出拙劣決策在造成災難結果上扮演著主要角色。

在研究報告中，那些失敗領導者的缺乏不足，包括他們無法體認到競爭壓力、對特定資訊的重要性不懂得珍惜，以及無力承認和修正錯誤（包括自己的和別人的錯誤）。很不幸的，這些人通常都被委以重任，位居要津，擁有龐大的人力和財力資源，可是他們卻缺乏能把公司經營得很好的必要認知技能。

美國南加州大學哈洛昆頓商業決策講座教授伊恩・米特羅夫（Ian Mitroff）把這些管理上的嚴重錯誤都歸咎在一個基本瑕疵上——思考混亂。伊恩在他的《瘋狂時代的明智思考》（*Smart Thinking for Crazy Times*）一書中，舉出許多主管都無力認知這些事項：引導決策的假設、忽略其他觀點角度，或輕視他們採取行動後所可能發生的結果。同時他在研究報告中強調一個持續性的、有說服力的主張：如果缺乏這些技能，領導者就沒有足夠能力去面對企業環境的各種複雜情況。通常他們都會被競爭對手打敗，而這些對手就是擁有更好的行動計畫，和具有貫徹執行的必要技能。

以生產商業、家庭和個人用品爲主的美國教會暨杜懷特製造商（Church & Dwight）在波伯・戴維斯（Bob Davies）擔任執行長的十年期間，使該公司股價指數在美國標準普爾和道瓊工業指數暴升了近三倍之多。戴維斯談到這項挑戰時指出：

「你不只要去尋求精明幹練的人才或者有執行力的人才。同時你也需要擁有精於判斷的人才，讓事情做得更具效益。不過要找到這種人才卻是格外困難。」

辛格樂無線電話公司（Cingular Wireless）前執行長、超級艾賽克斯（Superior Essex）電線電纜公司現任執行長史提芬・卡特（Stephen Carter）在他成功扭轉局勢的過程中，便指出發掘那些有卓越技能的主管是極爲困難的事：

「身爲領導人，我們通常都需要尋找能爲你帶來重大利益，不會讓你遭烈火燒成灰燼的人。但是要找到這些人何其困難。很不幸的，實在是有太多人只會花大量時間耍嘴皮子，盡在說一些沒什麼意義的話而已。」

時至今日，我們所擁有的主管人員大多缺乏這些必須的重要技能，因此無法提出一些有意義的行動準則，甚至他們都不太喜歡去了解自己在這方面的思考力不足。結果便造成我們有許多企業領導者，都傾向於沒有進行必要思考，就斷然採取行動。再者大部分主管也完全不會注意到「貿然採取行動」的心態所付出的代價。必要的理性分析反而被看成今日凡事講究效率、重視快速得到成果的一大障礙，而如今這個普遍性、令人易誤入歧途的信念也到處充斥。

沒時間思考：關於速度的迷思

羅丹的知名雕塑作品「沉思者」，一九〇六年豎立在義大利羅馬教堂前面。它雕砌出一位肌肉雄渾厚實的青年男子用手托著下巴靜靜的蹲坐在那裡，陷入沉思之中。很不幸的，這也是今日商業社會看待批判性思考的最佳寫照。因爲批判性思考者常被認定爲無力行動，處於靜止凍結的狀態下，以時下最流行的話說，他們正遭受到分析無能所苦。這種錯誤看法遂形成一種極端主張，即迅速行動跟理性思考不可能並存。

講究「速度！速度！速度！」是今日無數企業執行長的咒語，他們普遍認爲速度才是最有價值的事。可是事實卻正好相反。無可否認，有時情勢緊急是必須立即做出決策，但在其他狀況下，多花些時間搜集資訊和想出正確問題跟答案就更重要。不幸的是這種認知已然失去，大家都認爲「快」總被視爲「好」，而「慢」則相對是「差」。

如果你能跳脫這個時下最流行的咒語迷思，你就可以認知到「快」和「慢」直至在某個情況出現之前，它們只是一個中性形容詞而已。而其他說法，像是採取「行動！行動！行動！」，就最簡單不過了。但是簡單並不代表適當。因爲針對某個情況進行愼重分析，可能需要快速的意見——但它也可能被認爲需要多花些時間，進行更精確判斷。不管採取行動要多快速，爲了達成最好決策便必須衡量所有因素，這時就需要熟練的思考力。菲多利執行長羅森菲爾德，和我們分享這個觀念：

「我稱它爲『從跑得慢到跑得快』。因爲我知道速度是非常重要的，通常我們沒有先花時間去思考一下自己正要完成哪些事情，就立即採取行動。我們有數百個這樣的故事。每一個人都試圖儘快採取行動，但他們在把問題解決之前，卻沒有完全了解他們正要解決的問題到底是些什麼。這遂形成許多企業都得面對速度變慢時的罪惡感，導致各式各樣有關工作滿意度下降以及工作和生活無法平衡的問題。

例如，現在我們正在進行多力多滋洋芋片的促銷計畫。我們選擇不把計畫內容放在包裝袋的正面，避免讓購買其他產品的客户感到不舒服。所以我們就把促銷計畫印在多力多滋包裝袋的背面。但是我們聽到的反應卻不如想像中的理想。

因此，我的團隊便開會討論如何儘快重新設計包裝，把促銷說明標示得更清楚。可是，要提出包裝解決方案，將會使我們耗費好幾個星期。就在此時，我突然想到是否有些事情是先前被忽略的。於是我問他們：『會不會問題只是出在我們沒跟客户講清楚，告訴他們要看包裝袋背後的促銷說明？客户買到產品，翻過來看包裝背面，那是多棒的事。很可能問題只是他們根本不知道要翻過去看說明而已。』

接著我們就把話題轉到怎麼跟客户講清楚這件事情。像是利用賣場廣播、看板、報紙廣告——這些輕而易舉的行動，使我們又快又容易的就把問題解決，相對於更換全新包裝，非但需要新的產品庫存，同時也得把舊包裝全部換新，我們後來的行動眞是輕鬆多了。」

羅森菲爾德的故事正好說明了出色的答案也可以是瞬間產生，也可以是多花些時間思考一下就行了。經過太長時間、又考慮太多，有時反而會令人誤入歧途。不論環境如何，速度本身都不是良好決策的必要條件。因此，針對特定情況，給予合適速度，是主管決策最重要的構成要素之一。

當執行長要求速度時，意味著他們要的是儘快達成「正確的」目標。一個高效能的工作團隊，是可以通宵達旦、日以繼夜全速達成既定目標。但是如果目標本身構想不佳，結果將會付出重大代價，甚至是變成一個災難、反而拖延了達成目標的進程。賀喜巧克力公司總裁、董事長和執行長倫尼就指出，雖然速度通常是一個重要因素，但是你的行動要多快，是要視當時的環境而定：

「那是一個『門檻』的概念——事情要進行得多快或多慢都需要視情況而定。雖然在採取行動前希望能獲得最完整的資訊，但是通常事實都不是這樣。爲了要採取行動，必須知道多少資訊才足夠，是關鍵所在。在賀喜公司裡，我們談論的是需要多少資訊，才足夠決定採取行動。不過有時在採取行動前花太多時間等待，會使公司相當不利，讓成功機會從手上溜走。因此，例如當公司要進行客户服務推廣計畫時，我們會設下較低的門檻，這樣就可以使行動更快更有效率。如果我們是在進行一項併購計畫時，門檻就會高一些，表示我們需要更多的資訊參考，因爲我們在面對併購計畫時，必須更謹愼的小心前進。而領導者的職責就是要去決定在什麼時候加油高速前進，或者是踩踩煞車。」

以上倫尼所描述的重大考量，是任何一位偉大領導者在談到速度和行動時必須考慮的。

然而，是什麼使部分經理人比同儕更有效地做到這一點？又是什麼技巧讓他們做得到？他們在決策時並沒有一份可引用的指引清單。指引清單大多可以在經營管理教科書中看得到，但大部分都無法落實到工作上。原因是主管的決策皆牽涉到立即且明確的判斷，也使得這些指引清單顯得太不切實際。無可避免，主管都必須即時充分掌握最新的分析報告，了解目前最迫切需要的資訊和採取哪些必要行動。時代華納執行長帕森斯就此進一步表示：

「教科書教導人們經營管理知識，可是卻沒有教導人們如何思考。我要說的是，有能力去思考複雜問題，把它們納入可駕馭管理的範圍，無疑是更重要的。而且人們必須在那一時片刻就有立即因應的能力。至於這種能力，你是無法在教科書中得到的，但是你真的必須擁有這些技能。」

很明顯的一個人分析和處理資訊的能力，不是僅憑一份指引清單便能完成的事。同樣的，「主管智商」技能的要點，則完全點出了就是這些能力，讓明星人物可以成功達成自己的目標。他們所憑藉的是擁有這些特質，而不是哪一本指引教科書。而這些特質沒有受到任何應用程序或時間條件所限，它們在個人決策或採取行動時就會即時同步呈現出來。例如，當要對一項特別議題作出反應時，擁有高「主管智商」的人就會立即作出基本假設，又或是憑直覺指出在哪些建議中會有哪些瑕疵。這一切都會自然發生，明星主管會直接掌握問題的核心，而且也給予相關必須的考量。而這就是「主管智商」的本質：即它十分關注個人評斷過程的品質。

職籃巨星麥可喬登在出手投籃前，絕對不會先默想一遍投籃技術指引。他的天賦才華常常讓他在比賽中無往不利。他對其他球員的走位、球感和投籃的直覺都會同時發生。因此不可能有一套有系統的指引一覽表，詳細列出使喬登成爲美國職籃最偉大選手的基本特質。不過，透過仔細分析讓喬登有如此優異表現的個人技能結合——他的速度、跳躍能力、眼力和出手的協調度——我們就可以藉以評估和改進自己的實力。

明星主管就像美國職籃明星一樣，不可能從一張清單中挑選出他需要引用的技能。相對的，特定技能得以充分展現，純粹是他個人面對情況時的一種自然反應。而這些即時反應就是主管表現的核心。正如威爾許指出，企業經營永遠都不是一條直線，呈單一直線運作發展。主管必須不時作出必要的策略修正或完全翻新。而且這些決策過程會持續不斷發生。賀喜公司執行長倫尼就表示：

「我們在教導策略性思考的課程中提出警告，發現事實和評估情況只不過是整個方程式的一部分；它是屬於『科學的』範疇。而我要說的是『藝術的』範疇——某個人如何取得資訊，並立即把它轉換成眞知灼見、採取必要行動。這才是眞正決定成功的主要原因。」

無可否認，我們在面對情況發生時，必須立即採取行動，這個說法一點也沒錯，但是如果行動方向錯誤卻還全力進行，就可能把公司推下懸崖。而主管擁有認知決策速度的特質，大多都會被他的「主管智商」程度所影響。例如，從各種互相不太相關的事件中，區別出重要目標、嚴格檢視那些假設的準確性，和適當考量採取行動後可能產生的結果等，這些都在正確時間做出正確決策一事上，扮演著重要角色。

優秀的主管通常都不會花太多時間思考要採取哪些行動，或逼著自己非得立即採取某些行動不可。反而他們會運用自己的認知技能，決定因應情況的最適當時機和行動。吉列公司執行長契爾茲說：

「不管是什麼情況，你都必須在正確的基礎上運作——你必須要好好思考一下。否則，當你執行行動方案時，可能會適得其反，遭到重大挫敗和引起更嚴重的問題。」

它看似很簡單。你運用自己的認知技能去決定前進方向和所需的速度。乍看起來每一個人都應該可以做得到，但事實卻非如此。因爲絕大部分的主管在採取行動前，都不曾停下腳步好好思考一番。他們多半會選擇立即採取行動，幾乎完全沒有考慮到後果，而這已深深支配著主管的行爲。簡言之，我們所擁有的經理人團隊，他們在自己工作上很少運用到任何批判性思考。

未經思考的行動：主管行爲的現實面

極富盛名的管理決策作家、美國麥基爾大學教授明茲柏格曾在一九七三年發表名爲《管理工作的本質》的著作，在書中他提供了一項有關企業思考最具影響力的討論。他將數以百計的研究調查加以整理，調查對象包括中高階主管、醫院行政主管等；同時他也針對主管的工作進行結構性的觀察。透過他的分析，揭露出經理人很少運用理性或線性方法去解決問題，此外，這些經理人針對目前情況作出決策前，也很少先試圖了解眞正問題是什麼。相對的，他發現他們竟然都一致的先採取立即行動，然後透過不斷摸索嘗試、歷經挫敗，以期找出解決問題的確切方法。雅芳化妝品執行長鍾彬嫻，對爲什麼主管會常未經思考就貿然行動作出以下解釋：

「商場如戰場，競爭十分慘烈。教科書中有關領導力的執行和現實環境是完全不同的。所有問題都會來得很快。這就是爲什麼企業常常疲於奔命的主要原因。不過，你還是需要維持十分嚴謹的決策，因爲當你失去決策力時，只會慘遭挫敗，而接下來更多嚴重問題會一一湧現。若是失去這種紀律，造成很多人在缺乏思考下貿然採取行動、招致重大挫敗，你就該為此負上完全的責任。」

哈佛商學院的丹尼爾·艾森伯格（Daniel Isenberg）在一九八四年《哈佛商業評論》發表有關資深經理人如何解決問題的文章中，也獲得以上同樣結論。艾森伯格前後花了兩年時間針對十二位在職資深主管的思考過程進行研究。他從旁觀察這些人，訪問他們的同事和部屬，對他們在工作中的思考情況提出質疑。他發現到這些資深經理人甚至在一些簡單的分析上也不都先行動再檢驗努力的成果。他們藉著不斷摸索嘗試、歷經挫敗後，才找出一個可以解決問題的方法。

一九八六年艾森伯格進行另一個追蹤研究，以期更全面了解這十二位資深主管如何解決問題。例如，他提供他們一些案例演練，要求他們把問題界定出來，並且要求他們說明將採取哪些行動。這個研究再次證實他們不進行任何批判性的探討，就貿然立即行動。通常這些參與案例演練的研究對象在只取得一半資訊時，就已開始討論問題解決方法，即使他們沒有時間壓力，也知道將可取得更多清晰資訊，他們仍舊依然故我。而他們的分析都很粗略，只是根據個人過去曾處理過類似問題的經驗來加以分析。通常他們會很乾脆的採取某項行動，為的是要對該問題了解多一些，然後再利用這行動的結果，去尋求其他較好的解決方法。艾森伯格的研究再次凸顯了主管在決策時往往立即妄下結論，然後再根據嘗試錯誤的學習方法來尋求新的解決方法。批判性思考，無疑在他們的行動上扮演著無關痛癢的角色。

當我要求吉列執行長契爾茲針對主管們往往未經思考就貿然採取行動這個傾向舉出實例時，他竟笑著回答：

「這大概是每一天都會發生的事……我認爲美國納貝斯克公司（Nabisco）重整業務團隊架構的故事，就是一個最好例子。當時一家企管顧問公司做了許多研究分析。他們告訴納貝斯克，如果能夠把業務人員分成兩大部門，會使納貝斯克公司省下六千萬美元。至於這兩大部門分別是一個專職銷售，另一個則是做客戶服務工作。

所以那就是納貝斯克公司必須做的事。於是納貝斯克的人說，『好吧！既然我們必須節省成本開支，而此舉又可以省下六千萬美元，我們就決定這樣做。』

可是，那些在納貝斯克公司裡頭負責做決策的人，卻不曾質疑過將現有業務人員分爲業務銷售和客戶服務，到底是不是一個好主意。結果是當納貝斯克公司把業務人員分成兩大部門後，沒有一個業務人員能勝任愉快。負責業務銷售的人員不再跟客戶說些什麼或聽取客戶意見，因爲那是客戶服務部門人員的職責。而且業務銷售人員也不會向客戶解釋，爲什麼公司把他們原有的客戶服務職責轉移到客戶服務部門，因爲他們已不再具有提供客戶服務的權利。這不再是他們的問題了。

至於客戶，他們需要的只是能有一位同時兼負銷售和客服功能的人員就可以了。所以當納貝斯克公司把業務人員職責一分爲二時，他們從來都不曾對這個新模式的所有假設一一愼重檢驗。而這個新模式不僅和客户的需要背道而馳，也與納貝斯克實際營運所需相去甚遠。因此這新模式給該公司帶來重大損失。」

對於企業主管未經思考便貿然行動的普遍現象，契爾茲感到可悲。這是來自於一個眾人的誤解：只要經理人忙於工作，他們就會把工作做好，即使可能要多花一些時間和資源，去採取一些必要行動，又即使這些行動可能沒有豐碩成果，或甚至造成反效果也無所謂。

誇張的是，儘管「行動優先」的種種行爲所付出的代價如此高昂，大部分時間它竟然是被鼓勵和獎賞的。華頓商學院凱倫・珍恩（Karen Jehn）和凱斯・魏格特（Keith Weigelt）研究決策型態時，證實了經理人（特別是西方文化中）對任何可立即下命令的人都致上十二萬分敬意。因此，爲求儘快達到目標，採取非常行動的情形便會出現。但很不幸的，這時他們爲了求快，都沒有引用必要的技能去確認這些行動是否就是達成正確目標的最好方法。

在這種氛圍下，當某個人停下腳步質疑行動的正確性或目標的風險時，便被視爲「優柔寡斷」。這種高喊「不必思考，馬上行動」的職場規範，大大支持了「行動優先」行爲的正當性。而把經過愼重考量的行動汚名化，也促使公司永遠都落入一個既無法體認批判性思考的必要，又阻礙公司發展的桎梏之中。教會暨杜懷特執行長戴維斯也加以說明：

「我們塑造出來的執行長英雄人物，都是果斷、明智和勇敢的人。我們寫下許多他們的傳奇故事。可是一位有效能的執行長必須把追求公司成功放在第一位，而不只在想如何使自己成爲眾人心目中『正確的』、『英雄的』和『知名的』人物而已。」

以上這種自命不凡會使強力領導造成錯誤，也可能會帶來相當悲慘的後果，這對企業成功也沒有任何幫助。現在就讓我們去看看漢普頓．塞德斯（Hampton Sides）那令人喝采的著作《魔鬼戰士》（*Ghost Soldiers*），這本書敍述的是美軍歷史上最偉大的營救人質英雄故事。書中詳細描述一支小型美軍如何營救當時被駐紮菲律賓的日軍所俘虜的美國人質，而這些人質正面臨著被日軍屠殺的生死關頭。

一九四五年一月，時值二次世界大戰尾聲，盟軍正對日軍大舉反攻。美軍橫渡太平洋，準備收回菲律賓戰場失地。

當時被日軍囚禁在菲律賓甲萬那端戰俘集中營（Cabanatuan POW）的美軍共有五百一十三人，正面臨著生死存亡重要關頭。因爲日軍已接獲命令，一旦戰況危急，就將全部戰俘處決，一個都不留。正在往菲律賓前進的美軍從十一位美軍倖存者口中，得知這項訊息。這十一位美軍是在一九四四年十二月被日軍囚禁在菲律賓巴拉望（Palawan）戰俘集中營，該集中營共有一百三十九位美軍被日軍殺害，只有他們成功逃離魔掌。

美軍立即展開甲萬那端戰俘的拯救行動，派遣一支先頭部隊前來營救，以免他們跟巴拉望戰俘同樣慘遭殺害。在菲律賓當地反抗軍支援下，一百二十一位美軍對甲萬那端集中營展開突擊行動，成功營救出被囚的美軍。

不過，要護送營救出來的戰俘抵達安全地可說是驚險萬分。很多戰俘傷病疲累，在日軍窮追進擊之下，他們仍得展開超過三十英哩的大逃亡。

在抵達安全地點之前，最令人憂心的是有一支約千名日軍的部隊，駐紮在集中營東北方不到一英哩處。因此，如何防備這支日軍截擊美軍，就成爲這項營救行動能否成功的關鍵。這看起來是一項不可能的任務。因爲在菲律賓的日軍總人數遠超過美軍和菲軍，而且日軍擁有大量戰車和重型武器。但美軍已無選擇餘地——他們必須不計代價，全力防止日軍追捕美軍俘虜。

這項營救行動的重責大任就落在美國陸軍遊騎兵特戰部隊陸軍上校亨利．穆齊（Henry A Mucci）和菲律賓反抗軍指揮官朱．帕祖達（Juan Pajota）身上。他們從南邊進攻日軍駐紮營地。日軍營地位在河的北岸，而河上只有一道橋，所以日軍所處的位置很容易被美菲盟軍襲擊，殺他們個措手不及。之後，日軍指揮官命令士兵全速渡橋往南反擊。日軍與盟軍的人數比例爲十對一。不過，菲軍指揮官帕祖達早就有備而來，他把軍隊布署成V字作戰陣式，火力全部集中在橋樑上，將第一波渡橋的日軍打得潰不成軍。可是日軍指揮官依然故我，命令第二波，甚至第三波的日軍往橋上衝。最後這些日軍都被悉數殲滅。

在雙方開火期間，穆齊上校也在準備調整作戰陣式，以應付日軍指揮官萬一可能改變戰略。他確實想到，日軍指揮官終究會意識到一直採取正面攻擊的愚昧，轉而想出側面突圍、全面進攻的戰略。穆齊把這個想法告訴帕祖達，只見帕祖達冷靜耍酷的輕輕敲打穆齊的腦袋。因爲他對敵人了解甚深。「日軍還是會不斷從橋那邊衝過來的，」帕祖達說，「他們沒別的辦法。」帕祖達說得沒錯，即使前幾波渡橋的士兵都已經陣亡，這位日本指揮官還是繼續這種毫無效果的自殺行動，最後形成可怕的大屠殺，數百名日軍一波波湧向橋樑，通通都被盟軍所殺，直到被全部殲滅爲止。

日軍指揮官決定持續採用無畏的自殺進攻方式去面對他的敵人。他其實是可以很淸楚的以策略取勝，可是他卻不屑於好好思考一下，造成滅亡。而他所做的、也是許多領導者在面對問題時的普遍反應：只會高速前進，完全沒有停下腳步去想一想達成目標的最好方法。

當柯林斯發現到優秀的公司跟平庸的公司其中一個主要差異，是在於「重紀律」的文化時，他指出深思熟慮的思考力在美國企業界十分罕見。他認爲這個「講究紀律」不只要求主管注重行動面；同時主管也必須先進行縝密思考，再採取有紀律的行動。柯林斯特別舉出全美最大藥局連鎖業者華爾格林（Walgreen）在面對網路熱潮時的做法，做進一步說明。

華爾格林公司拒絕和競爭對手一樣，盲目跟進網路銷售行動。相對的他們仍堅守一個深思熟慮、有系統規律的方法：他們先停下腳步，然後確認一個高效能的行動計畫，利用網路平台改善他們的競爭位置。引用柯林斯略帶幽默諷刺口吻的話：「他們竟決定先動動自己的腦筋，他們眞的決定去好好思考一下。」

如同柯林斯所說，華爾格林公司的深思熟慮過程與許多公司的做法背道而馳，因爲這些公司主管只希望先採取行動，然後再提出質疑，問些問題。對企業來說，能儘快得到正確答案無疑是成功之鑰。而檢視相關資訊——藉著馬上探討問題，進行愼重思考——不再受到那種瞬間就得「立即採取行動」模式的迷惑困擾，這對今日變化快速的世界來說，更顯得重要。無論如何，這些行動最終都是獲得理想成果的最快速方法。

戴爾電腦領導者也證明自己有能力作出深謀遠慮的行動，而所獲得的成果也比競爭對手出色得多。戴爾電腦領導者觀察到今日競爭環境裡講究速度十分重要，但他們更明白如何確實掌握適當速度才是關鍵所在。戴爾執行長羅林斯細述如何判斷平衡速度：

「一項策略尚未完全敲定前，我們絕不會貿然推出。我們不相信第六感。策略必須在得到充分討論、掌握良好資訊和評估時，我們才考慮推出。而且在討論分析期間，我們會不斷作出必要的修正。即使希望能儘快推出策略，但是在我們擬定方法和急於採取行動之間所存在的差異，就是仍有許多資訊有待分析。我們不想耽擱進行這些資訊的評估與分析，我們需要逐步進行。因此，我們做了許多實驗、學習、重新定位、之後才採取行動。而且我們只會推行那些比先前分析結果還要好的意見。

例如，我們作出投入印表機、影像、網路和消費性電子商品生產等決定——因爲資訊顯示公司營運模式可以這樣做。我們說這看起來還不錯，所以就展開這項行動，在推行期間我們也視需要作出調整和修正。在戴爾電腦，我們不會憑第六感或匹夫之勇去做事。」

羅林斯指出戴爾電腦在他們「策略—發展—執行」循環周期中每一個階段，都會運用批判性思考。他們採取行動的適當步伐，證明了批判性分析並不會阻礙明快的決策。可是到今天企業還在強調速度，正確的分析仍被忽視和中傷，儘管它在企業成功上扮演著重要角色。當批判性探索其實應被承認爲有效行動的催化劑時，它仍被企業視爲重大障礙。我們應該體會到任何正確分析都需要多花些時間，好的決策也要有深度的分析，如果坐失這個擬好決策的機會就貿然行動，終將會付出重大代價。

以行動爲優先的經理人通常會強調自己沒有充分時間在第一次行動中就做對，但卻仍不得不針對同一件事情另外再花時間去多做三到四次。在變化快速的企業環境裡，你只有一次命中目標的機會，而不是三次。這好比打高爾夫球一樣，一次好的揮桿所花的時間，和一次壞的揮桿差不了多少，但好的揮桿卻能更快進洞。當你面對一個錯綜複雜的決策時，問一些對的問題所花的時間，比問一些不對的問題也差不了多少。事實上它反而會更節省時間。到目前爲止，仍然只有極少數的主管能夠落實這種批判性探索。而這就是爲什麼這些技能如此珍貴罕有的主因。

第六章摘要

◎時下大部分領導力理論會使我們感到困擾，無法把焦點集中在績效表現標準上。結果導致企業所擁有的經理群的「主管智商」普遍十分薄弱。

◎一項研究調查結果顯示，高達百分之八十的主管認爲同儕通常都無法達成目標。超過一半的主管對同儕能否提出能適當幫助引導行動的問題，更表示出沒多大信心。

◎不少知名領導專家不斷指出主管拙劣的判斷能力，是造成企業挫敗的最重大原因。

◎許多企業領導者未經思考便採取行動，也不關心自己貿然採取行動將付出重大代價。

◎當採取立即行動已被錯認爲唯一的正確做法時，「批判性思考」一詞就等同於「注重分析會使自己顯得無能」。

◎速度並不是好決策的必要條件；視情況選擇合適步伐，是主管決策最重要的構成因子。

◎主管通常都會採取立即行動。他們總是在不斷嘗試和屢犯錯誤下，探尋眞正能解決問題的方法，這種「行動優先」的行爲反而被普遍鼓勵，甚至獎賞。

◎當你面對一個錯綜複雜的決策時，問一些對的問題所花的時間，比問一些不對的問題也差不了多少。

7

不可依賴的大腦

憑經驗的致命風險

人類的大腦有個特別的本能——
爲了縮短做出判斷的反應時間，
大腦會去記憶中尋找
過去曾經發生過類似情境的訊息，
而且自動將少少的訊息擴充成
足以應付面前危險情境的龐大訊息。
但在現實的企業競爭世界中，
這個本能反而會使我們
每每做出錯得離譜的決策。

都是大腦惹的禍

大部分主管的「行動優先」取向並不是因爲他們懶惰或無能。事實上，這些人絕大多數都熱情盡力付出。但是，爲什麼他們的好意圖那麼快便消失？根據人類正常認知能力的測驗得知，如果當事人沒有受過嚴格訓練，就無法自然發展出高度「主管智商」。事實上，我們大腦處理資訊的方法，會導致人類作出周而復始的不當結論。

「行動」本身就是一種大腦的直覺本能，它存在已有幾百萬年。這種原始心智原本是爲了持續不斷的生存威脅而發展出來的。上古人類對「立即行動」的偏好是爲了保持求生存的優勢，當遭到野獸襲擊時，得馬上作出反應以迅速逃離險境。

時至今日，即使我們不再面對以上這種危險，大腦直覺仍存在這個必須隨時掌握和理解的混沌世界。例如過馬路時，我們會聽到汽車煞車聲音才穿越馬路；我們的心智反射性的保護自己免於險境。同樣的，當我們向管理階層提出一項建議，不料遭受同儕批評時，我們的直覺本能便會吶喊：「必須保護自己」。這些反應並不要求我們去了解爲何同儕會有批判的聲音。無論如何，這種大腦的直覺本能反應，已經成爲優秀主管行爲的一大障礙。

然而，快速作出結論、確認立即採取哪些行動，這對遠古人類較實用，但對今日生活在一個複雜現代化環境中的我們卻不然。在競爭激烈的商業世界，偏好快下結論和採取立即行動的結果通常只會落得未見其利，反受其害。相對的，我們需要以較高的邏輯思考，有技巧的因應複雜情勢，可是這種特質在大腦進化過程中卻從未被突顯過。

學者傑瑞米・坎貝爾（Jeremy Campbell）曾經寫了一些有關人類認知方面的書，他在《似不可信的機器》（*The Improbable Machine*）一書中，描述了電腦科學家如何設計出一部能模仿人類智商的電腦——他們寫了數百萬行的程式指令，教導它操作演算的邏輯規則，讓它能夠運用演繹法解決問題。但是這部電腦卻不能完成其他任何事情，因爲它們的程式十分有限，能發揮的功能不多。雖然到最後科學家有能力設計出一部超級電腦，在限制條件跟規則的遊戲中（如和人類下棋）它可能會勝出，但是它們仍舊無法處理程式控制範圍以外的事情。因此，這些機器所呈現出來的專業性相當狹窄，很難被稱爲智慧型產品。

這些電腦不能處理程式控制以外的議題，原因是什麼？問題出在這些科學家都假設「邏輯」是人類智商的核心動力，但呈現出來的結果卻是，人類大腦中根本沒有所謂與生俱來的邏輯系統。事實上，人類大腦反而是不太合乎邏輯的。

邏輯對人類智商來說，始終都是一個沒什麼用的根據。邏輯遵循著縝密一致的規則；只要在這些規則中有任何一部分出現矛盾，就會造成整個體系潰敗。邏輯並不能容忍任何知識上的不一致。可是今日我們所處的世界卻充滿許多看似矛盾、前後不一致的未知事物。例如，船是由鋼鐵製成，看起來是不可能在海上行走的。又一架航機重達二百噸，也不可能在天上飛；而一隻小螞蟻更不可能背負比它體重大五倍的食物。還有，清澈的海水也不應是藍色的。

但是以上這一切事物都歷歷在目。如果人類只依靠邏輯的話，這些事實肯定會讓他們抓狂。幸好人類的智力已進化到可以完全適應這種充滿矛盾和奇妙的環境。

在這種看起來混沌的環境中，大腦的靈活性具有與生俱來的優缺點。例如，當大腦與電腦都同樣擁有速度和力量時，人類大腦很容易的遠勝過電腦，不論是認知各種事實、懂得語言或引導身體機能活動等。不過，到目前爲止它還無法像電腦那樣具有解決複雜數學方程式的能力。

「聯結論」

當科學家體認到人類的智力發展並非基於邏輯時，一個用來解釋智商、名爲「聯結論」(connectionism)的新理論便出現。聯結論認爲，大腦是由數百萬個神經細胞組合而成，數以千計的神經細胞相互連結，便成爲大腦知識的基礎。通常大腦在一秒之間可以有二百兆個運轉次數，但它們並不是依序而是同步發生的，這可以瞬間提供大量知識供決策所用。

因爲聯結論的關係，人類大腦可以立即根據「跟目前面臨的問題有相關的種種過去經驗」進行評估。這就是大腦如何致力追求不完全的資訊，它可以從龐大知識庫中擷取有關資訊，作出看似合理的推論，接著再明快合理地擬定令人滿意的解決方案。

不過，以上這個過程卻通常被誤認爲邏輯推理。大腦尋找記憶所儲存的「過去經驗」用作「理性思考」的替代品，意圖就此得出解決方案，而非從事實中找尋眞相。雖然這種動作可以立即獲得有用的洞見，但它卻是立足在必將付出代價的錯誤基礎上。

人類記憶力無法帶來實際幫助，它只是把看似相同的事情連結起來而已。而且它往往會把一小部分資訊擴大到相當多的資訊。這種擴大資訊的結果所造成的錯誤，有時問題不大，有時卻很要命。例如，當我們走進一幢辦公室大樓，看到大堂擺滿一盆盆綠色植物，我們很快就假設這些植物是眞的盆栽。可是它們也可能是塑膠裝飾品，這個錯誤對我們並不太重要，所以面對這種情況，我們就不需探尋自己的假設對否。

不過，如果你在一樓廚房裡面，而外面下著滂沱大雨，情況又會如何？要是此時你突然發現天花板滲水，你的大腦會催促自己趕緊走上閣樓，找出屋頂哪裡有漏縫。當你在徹底找過一遍，根本找不到任何漏縫而決定放棄時，你漫步到二樓起居間休息，卻意外發現一樓滲水只是因爲二樓馬桶堵塞，跟下雨一點關係都沒有。面對外面大雨和廚房漏水，你會立即聯想到問題可糟了，因爲這下損失可大了：屋內漏水會變成一片澤國。就是這些類似錯誤，會使我們的決策不斷從反覆嘗試和錯誤中形成。不過，眞正合乎科學的嘗試和錯誤是意味著有意識的、盡全力去解答某個特定問題；而不是我們大腦自行生出一些草率的聯想。

聯結論說明了「立即運用相關知識」是如何地愚弄我們自己，相信自己能馬上得到答案。

我們很少去考慮其他可能答案。不過，雖然如此，我們也必須了解到世人對特定事物的反應，然後才能在這基礎上把有限的資訊加以引伸和擴大。

華頓商學院的史提芬·霍克（Stephen Hoch）指出人如何把新資訊納入現有經驗——他們立即作出推論，省略取得更詳盡資訊的動作，僅就當前的情況給予合理解釋。結果是他們做出許多急就章的決策。在可預測的環境裡，這個聯結論發揮得很好。但是在不可預測的環境中（像是變化快速的全球化經濟），它可能讓我們犯下嚴重錯誤。倉卒決策的缺失，便是人類都試圖創造簡單模式來代替更詳盡的資訊，然後做出高度不準確與完全不眞實的假設。美國線上執行長強·米勒（Jon Miller）用行動來說明這個現象：

「依我經驗來看，我們公司的主管都傾向把過去所做的引用到今日。這可能會讓你無法掌握目前的眞正問題何在。事實上，每件事情都在變化，除非你能確實詳細考慮整個情況，否則你就無法看到根本問題。

就我個人而言，我有點反其道而行。我非常樂意與不沿用老招式做事的人合作——他們眞的看到整個問題的全貌。而讓公司掉進麻煩的泥淖裡其中最大的原因，是缺乏思想上的坦誠（intellectually honest），這是由於主管們個人的偏見、既得利益或受限於世俗的看法。這使得他們無法正確評估整個情況，也無法尋求眞相的了解。但我仍然相信只要你正視事實眞相，就總有一個眞正答案。身爲領導者的一大挑戰，是幫助員工確實獲得事情的眞相。如果你能建立這個模式，你就能往前邁進一大步——不只是運用智商，同時也得全面思考事情的眞相是什麼。」

企業判斷的共同錯誤

我們的心智靠著不完整的資訊在不斷茁壯。我們可以把無意義的事變成有意義，因爲我們的大腦是專爲看似合理詮釋的快速世界而設計的。而這種最平凡不過的智商總會伴隨著無法預期的不利後果。心智常會歸納出一些訊息，成爲企業判斷最普遍和最危險錯誤的根源。康乃爾大學的羅素和華頓商學院的保羅・舒密克（Paul Schoemaker）在合著的《贏家決策》（*Winning Decision*）一書中，便確認了這些最普遍的錯誤。而每一個錯誤都源自於大腦的獨特結構和思考過程，這都是聯結論者所造成的。

過度樂觀／自負

羅素和舒密克認爲絕大部分主管都患有「過度樂觀」和「自負」的毛病。這不是指那種自大傲慢或自以爲是的個人特質。它是指大部分主管普遍都潛意識高估自己對某特定事情眞正了解的程度，對於擬出正確答案所需的重要資訊視而不見。

這是聯結論者大腦結構下的產物，製造出這個過度樂觀的普遍難題。我們的心智很自然集中在明知道某個情況存在，卻不去了解事實的全盤眞相。我們都沒有問以下這個問題：**爲了得到正確結論，我們應該需要知道些什麼**？反而這時我們的大腦立即有一種快速聯結到流於自負的傾向，愚弄我們去相信自己最初的評估都是最完整無誤的。賀喜公司執行長倫尼在解釋自負時認爲，它不必然是自大傲慢的產物：

「身爲主管，我們通常會希望能有傑出表現。這也不全然是自大傲慢的。我認爲有很多方法可以使一般人控制整個環境，得到某種程度的安全感。如果個人能夠引用事實資訊，抓到這些資訊的核心，那麼他就能感受到自己好像擁有一道『保護層』。一般人可以把焦點集中在確認自己就某個議題所能掌握的資訊，而這些資訊又是自己不曾想過的。」

自負會造成決策者火速做出不成熟的結論。馬里朱・迪卡達斯（Marijn Dekkers）在擔任美國熱電電子公司（Thermo Electron）執行長期間，指出一個正確發展趨勢。基於主事者的科技菁英背景，熱電的產品發展計畫是以科技創新爲導向，而不是針對客戶的需要而來。迪卡達斯解釋他如何消除在公司主管當中由來已久的過度樂觀心態：

「雖然他們一向對科技擁有高度熱情，但卻不曾重視科技的實用性。這是一種盲目的愛。而這也不難理解的：他們的專長和注意焦點都在科技上面。可是他們研發的科技卻不見得可以在市場上行銷。事實上，這可以從很多方面來達成，例如，我們可以減輕產品重量十英磅，那麼，不論客户是否有此需求，我們都應該這樣做。」

迪卡達斯進一步說明自己是如何去反抗這種盲目的狂熱：「挑戰在於藉著問主管們一些他們曾否想過的相關問題，以緩和他們從內心爆發出來的狂熱。我會要求他們就創新的商業效益提供更多資訊。例如，『推出一項新產品的同時，你能否打消三百萬美元的舊商品庫存？』這可讓他們在評估新科技的發展潛力時，多想些其他重要議題。」

透過質疑他們的種種新假設，迪卡達斯運用正確理性的分析幫助他的主管團隊。不僅提供一些新的思考重點，同時也有技巧的運用質疑，幫助他們體會到不充分的分析將會有付出沉重代價之虞。

現成偏差

主管通常會因爲「現成偏差」現象（Availability Bias）感到困擾。羅素和舒麥克筆下的「現成偏差」指的是我們天性傾向相信目前現存的資訊都是最具相關性的，即使所產生的結論是那麼不合邏輯。例如，最近某人得知老闆對某件事情的看法，而這看法就大大地影響了他個人對這件事情的最終決策。這跟律師在法庭上做結案陳詞一樣。尚未作出最後裁決的陪審團也都傾向把注意力集中在短短二十分鐘的結案陳詞上，遠超過過去幾個星期以來雙方律師所提交出來的不同證據。

這是等同於大腦的視幻覺。如果一幅畫上兩個完全一樣高的人站在斜坡上，大腦會認爲站在前面的那個人看起來大一些。同理，愈接近手邊的資訊，通常都被誤認爲愈重要。

由於現成資訊的隨手可得，所以就把我們弄迷糊，誤認爲這些就是我們面對問題所需要的重大資訊。普林斯頓大學心理學家和諾貝爾得主丹尼爾・凱尼曼（Daniel Kahneman）和史丹福大學阿莫斯・特佛斯基（Amos Tversky）在一九八二年提出一份心理認知研究，就十分強調上述看法。在這報告裡，他們提到一個名叫琳達的銀行出納員，說她在大學時代是一名積極的反對社會不公不義的鬥士。然後再問被訪談者一些問題，像是：

(a)琳達是一位銀行出納員，或

(b)琳達是一位銀行出納員，同時也是主張男女平等主義者。

結果絕大部分的人都選擇(b)，即使它遠遠不及(a)來得適當。

有趣的是，當同樣問題套用在簡單的邏輯測驗時，不同的事情便發生了。人們被問及哪一個比較正確，是(x)？或者是(x)和(y)同時存在？大部分人很快就指出，答案選(x)會比選擇(x)和(y)同時存在還要來得正確。然而當同樣方程式用類似琳達的故事形式呈現時，即使是接受過訓練的統計學專家，也同樣會選錯答案。

在琳達這個案例裡，我們提供的(x)成爲最確實的重點——即琳達是一位銀行出納員。至於(y)則成爲琳達可能擁有另一個特徵——即她是主張男女平等主義者。儘管在邏輯測驗中選擇(x)的人遠超過選(x)(y)同時存在的人，然而，由於我們被告知一些足以引發聯想的事情（琳達的強烈政治傾向），於是我們大腦便緊緊抓住以上相關資訊，強力認定它們相關。事實上，我們已經創造了兩個跳躍想像的空間：第一，我們認定琳達既然是反對社會不公不義的鬥士，那就等同於她也是主張男女平等主義者；第二，我們想像上班族琳達還在繼續參與大學時的社會運動。

在這裡我們再次看到聯結論者所說的「大腦會自行跳躍思考而得到不當結論」。面對一個數學方程式時，我們會引用自己曾學習過的解析技能。但當我們面對現實生活難題時，卻不去仔細分析，擬出解決方案，反而是只憑「感覺」去「得知」答案。換句話說，我們是以類似的事情而聯想出假設。而這就是我們天賦的偏向，未經愼重評估手邊現成訊息之間的相關性就運用它們。所以我們便在瞬間得到不大合理的爛結論。像這樣有瑕疵的假設，它也是企業判斷裡一項重大錯誤。

美國德州太平洋集團股東詹姆・威廉斯（Jim Williams）負責集團內部主管召募雇用等工作。該集團是全世界最大、最受尊崇的私募基金公司，旗下擁有資產物業如漢堡王、大陸航空和捷・帆船水手休閒服飾（J.Crew）等知名企業。當威廉斯談及集團內的明星領導人物時，他指出一個十分重要的共同特質：即他們是如何無時無刻、愼重其事地探尋一切未知的資訊。

「我們最好的執行長通常會對手中資訊充滿懷疑，針對正要思考的議題，不只是質疑它們的準確性，同時也包括了它們的相關性，也會質疑資訊是否足夠。

這些領導者敏銳度高、有眼光，追根究柢。他們擁有我稱之爲合理懷疑論者的特質。我看到這些執行長常就員工提供的資訊反問一些尖銳問題，包括這些資訊的優缺點，總之他們想要知道的事，一件也不會放過。

這種與生俱來的好奇心，是那麼重要。我們最優秀的執行長就是調查員；他們會先問你一個問題，接著會問另一個問題，而且問題可能會一直問下去。在獲得事實眞相前，他們不會停下來。」

現成偏差並不是懶散的產物。它是全體人類與生俱來的傾向，把手中資訊無限引伸，並作出立即聯想。而且一切推論在我們還未愼重評估事實前就已敲定。也即是說我們並沒有盡全力去發掘更多資訊，因此最珍貴的見解仍不知道在哪裡。美國線上執行長米勒說：

「通常部屬來開會時只會帶著過於表面的書面資料，這是不夠的。在著手得出結論前，我最關切的是必須弄清楚事實的眞相。我們會檢視有關資訊的正當性，了解這些事實是否具有高度直接相關性，是否足夠提供我們做決策之用。

例如，公司擁有二千萬名客户，長久以來我們決策都是依據對客户進行研究調查所得出的平均值，然後才採取行動。然而，我們發現這些平均值可能會使自己感到困擾。因爲在這龐大客户群中存在著各色各樣、可識別的小團體。了解這些小團體實際需求的不同，就顯得十分可貴。如果我們還一直只針對全體客户做研究，便無法發現到這些差異特質。

其中一個案例就是市場價格競爭的抗衡。我們討論應否降價回應客户的需求？這時如果仍然把焦點集中在全體客户的話，我們得到的答案絕對是——降低價格。因爲研究顯示有相當高比例的客户十分看重價格高低。不過，在全體客户當中也有數以百萬計的客户，對目前價格並沒有不滿意的想法。他們需要的是更好的服務品質。因此，降價策略只會讓公司少了許多營收，卻無法滿足這群客户的實際需要。

直至我們開始精確分析，發現到這些小團體之前，我們都不曾注意到他們有這些想法。這推翻了公司以前的看法，不再是只依賴全體客户的平均值而做出結論。發掘更多未知的資訊，雖然它們只不過是一些事實，但卻是最有效的做法之一。」

美國線上執行長米勒的經驗，指出評估資訊的重要性，不管是我們已知的，還是未知的資訊。透過嚴格質詢和合理懷疑，我們便會除去自己盲目接受現成資訊的壞習慣。

心境框架

最常被人討論的影響主管判斷的心智習性，就是「心境框架」作用，它被視爲造成不精確分析最重要的原因之一，具有十分負面的副作用。「心境框架」指的是什麼？它們是一個心理狀態，讓我們決定哪些資訊需要納入、重視，又有哪些資訊應被排除在外。由於在現實世界中，常受到時間因素所限，如果我們被迫去思考所有可能狀況，再怎麼開朗的心境也會受不了。我們只有能力把焦點集中在任何時間手中的一小部分現成資訊。

那麼，人們是如何選擇要注意或忽略哪些資訊的呢？

我們的潛意識是基於過去經驗和記憶來引導自己的腳步。可是側重過去經驗和記憶具有意想不到的危險性，會使我們心智只傾向某個現實的特別詮釋，而忽略其他重要資訊。例如，大家都認爲員工自己最關心的事項是薪資。所以當公司要改善員工滿意度時，通常就會想到加薪或分紅。然而，一些報告指出薪資以外的其他原因也被員工肯定，例如，寫張謝卡給表現良好的員工，對員工滿意度效果更大。當我們只用加薪分紅需求的角度去看待員工士氣時，便可能忽略更多更有力的內在感性需求。

心境框架通常會使我們期待問題解決方案就此底定，事情就此告一段落，一般人也將會這樣去做。在某些層面來看，這非常有用，因爲它讓我們運用有限經驗去看待眾多情境。不過，我們會爲這些牽強附會的看法付出重大代價。朗訊科技執行長羅素就公司主管盲從自己觀點和經驗作出以下表示：

「在公司裡大家稱這個情況爲我們的『一堆檔案』。我們自己過往的歷練相當豐富，但這有時會限制了自己的思考，像是什麼最有可能或不可能，哪些該做或不該做。在開始做些眞正重要的事之前，我發現我們都意識到那些固有『檔案』的存在。

在討論一個新市場時，一般人會說，『啊！這是我們以前不曾經歷過的，我認爲今日應該做的是……』接著會給你不少理由顯示這個新方案不可行。而這就是你必須銘記在心的，因爲你的思考會受到過去經驗的限制。如果你正在做的是全新、不一樣的事情，過去的歷練可能會成爲你最大的障礙。而你的觀點和想法，也可能因此受到限制。這就是人性。

在此提供一個案例參考。朗訊科技營運持續走下坡已有一段日子，我們爲了因應市場環境嚴重惡化，不斷把焦點放在裁員減薪、節省成本、組織重整和停產部分商品。所以當我開始討論公司業務需要『成長』時，他們根本不當一回事。這也沒什麼好驚訝的，因爲公司在過去兩年都處於縮減成本、保守經營的模式。

如果要進行重大的員工思想改造，我認爲這必須盡最大的努力、做更多的工作。我眞的不希望受到過去經歷的限制。我們需要對固有的『檔案系統』有一個眞正的理解。」

心境框架伴隨著一個「完整性」錯覺，眞正問題出在這個錯覺，而非心境框架本身。因爲心境框架會把資訊排除在外，透過心境框架所看到的外在世界永遠都不會是最完整的；而每一個心境框架總會突顯或隱藏某個情況的不同層面。心境框架是一面面透視鏡，透過心境框架去看世界、將之合理化，然後再預測下一步將會發生哪些事。無論如何，用透視鏡去看事情，必然會付出重大代價，因爲事實的眞相有部分會被誇大，有部分則會完全被忽略。而這就是我們所說的「心境框架盲點」。

經理人通常會透過心智習性來看世界，結果卻無法抓到其他重點。他們可能用過時的心境框架去處理事情（如產業已呈全球化發展，卻仍用本土思維去面對），或者是他們用銷售思維試圖去解決一個行銷企畫的問題。更糟的是，他們甚至不知道自己正在做什麼。吉列執行長契爾茲提出如何改變他團隊成員的心境框架，以因應一項市場競爭的重大挑戰，有助擬出一個最有效的對抗手段：

「美國舒適公司（Schick）推出一項名爲『創4紀』四刀片刮鬍刀，被認爲是吉列公司當前最大的威脅。我們的員工大聲疾呼要求公司就舒適高額投資一億美元在推出這項新產品一事，立即提出因應措施。我們在公司高層會議中很快得知技術上根本無法與對方抗衡。而我們最新推出的『鋒速3動力刮鬍刀』也只不過推出幾個月時間而已。不過我們知道還是有其他因應辦法。因此，如果我們不把它視之爲一項技術的對抗，就必須另闢途徑。

經過無數次討論和爭辯，我們重新把議題定位爲行銷挑戰，而不是技術挑戰。我們深切了解自己擁有鋒速3動力刮鬍刀這項新的優質商品。因此，我們創造出一項具體的行動方案，把焦點再拉到這新產品上。我們變更原有的銀色把手設計，改爲紅色，然後重新命名爲『鋒速3渦輪動力冠軍刮鬍刀』。接著我們擬出全新的行銷策略，盡力使消費者對這產品感到有趣刺激，同時也推出公司有史以來花費最多的廣告方案。在力抗舒適公司『創4紀』四刀片刮鬍刀的期間，我們銷售額增加了百分之三十四。

不久，一位舒適公司的主管告訴我，『我們被你那把紅色小刮鬍刀給宰了。』這是公司整個團隊所發揮的最大功用：業務、行銷、技術人員和廣告公司一起並肩作戰，將我們手中擁有的資源再次充分利用——也即是說，我們沒有任何新的技術回應這場競爭，我們需要的是把現有產品重新設計包裝，搭配有效的行銷廣告策略。我們用一個行銷解決方案來解決技術問題。」

即使高層建築物上有扇大窗提供我們寬廣視野，我們所看到的也不是全貌。雖然每一扇窗可能提供我們一些重要清晰景象，但是它們卻不能讓我們看到窗框以外的世界。藉著從最初看到的問題中，體認到另一個特別展望，是契爾茲和他的團隊得以確認其他看法，從而獲得最好解決方案的重大關鍵。

吉列刮鬍刀這個案例，證明了「心境框架」的侷限是如何被一些特定認知技能所克服。

爲了得到有創意的解決方案，就得運用多元化觀點，從不同角度去看待問題。

模式比對

最後，還有一些「模式比對」（pattern matching）的瑕疵。霍克討論到主管招致重大損失的傾向，就是他們自己所想到的連結和模式事實上並不存在。人類大腦會直覺假設這個世界是相互依存的。例如，不管個人擁有多少賭博經驗，我們都很難確實掌握到賭桌上的王牌是哪一副。但是我們內心還是堅持一個簡單道理，因爲我們自然會回溯到幾場賭局下來最常出現致勝的王牌，把它看做最明顯的牌型，滿心期待它會再出現。

我們的大腦遂發展成短線操作，自行虛擬世界運作的方式。在十次中有九次都會認爲事實應該這樣或那樣發展。但這只是對現實狀況的粗略概算，它很難百分百了解在任何時間圍繞在我們身邊的各種情況。例如，在走下樓梯時，我們根本不會去想每一階的高度，因爲過去我們走下樓梯的經驗已有好幾千次了。

然而，如果有兩個接連的階梯高度不一樣，而我們也不去注意時，就肯定會摔下來。這不是手腳不協調的問題。它反而是我們大腦自以爲是，認定自己必能操縱這個世界的結果。如果我們稍留意每個梯級的高度，就不會受到拖累。固有模式使大腦把這個世界簡化爲一個可預知的系統，認爲我們知道這世界大概如何運作，而且樂此不疲，加以延伸。

事實上，創造出這些因果關係之間的連結，雖然讓這個世界看似較有秩序，少些混亂，但是依賴這些模式也必會付出重大代價，因爲這個傾向會讓我們很容易在判斷上形成巨大錯誤。例如，在賭博中，我們腦袋裡所認爲的固有模式，其實根本不曾眞正存在過。實際上骰子遊戲或其他賭博工具根本就沒有所謂常態的必勝武器，不論是哪一盤賭局都會如此。這些情況都脫離了過去的歷史模式，從而導致我們期待發生的事情永遠都落空，並將面臨意料不到的嚴重後果。

在一九九〇年代經濟起飛期間，股價指數連續五年急劇上升。這是過去未曾發生過的事情。可是很多人在這段期間卻沒有從股票中賺到利潤，因爲他們反而繼續持有或買進更多股票，即使股價已遠超過市值。因此，依賴某個模式將會使縝密判斷受挫。以下是其中一個依賴過去模式，重創公司核心業務的案例。美國線上執行長米勒指出：

「二〇〇二年底我到美國線上任職，當時高速寬頻在市場正大行其道。但令人吃驚的是美國線上仍在愼重討論寬頻是否眞的可行。那是多麼奇怪的事。雖然公司主管能力出眾，但由於他們的視野仍停留在過去自己成長的時空上，所以無法正視當前整個情況發展。

而我的職責就是要讓這些人了解這個事實，並採取一致行動。我先向他們報告相關資訊和各種最新狀況，然後問他們，『如果你錯了，那意味著什麼？想想看你的看法將會帶來什麼後果。如果你眞的錯了，公司將會如何？』」

你不可能在一夜之間就改變員工對事情的看法。也不可能遇上有哪一家公司只用單一觀點就能立即把生死存亡的問題全解決。不過，你可以使員工思考他們自己的想法將會造成哪些影響，仔細想一想這些後果的嚴重性。因此，對我來說，這樣做有助他們了解到，如果美國線上不再把自己定位成一家撥接網路公司的後果，也促使他們落實必須的思考，擬出具體行動。假使我們過去在網路的成功歷史不再延續，那麼這世界就必將發生重大變化了。」

人類大腦不斷認爲歷史會重演。但以上這個案例卻證明採用歷史模式支配思考，無疑十分危險。即使過度依賴這些模式不會帶來災難，它卻也成爲公司獲得成功的一大障礙。

大部分重大的新想法，一旦實現，通常都會使人深深懷念不已。當我們面對一些革命性想法時，都會說「爲什麼過去我們不曾想過？」創意和創新無疑是推動公司往前邁進的一大動力。但是我們還是會很自然的依據過去經驗嘗試了解現狀，從而使自己無法體認到新機會的存在。因此，我們需要盡全力去挑戰對過去歷史模式的過度依賴。而尋找一些創新的空間和機會，就需要有能力去了解現況有哪些變化，或又如何把它們處理得與眾不同。當倫尼首次出席賀喜巧克力公司董事會時，他擬定一套挑戰傳統想法的方案：

「四年前我來到這裡，我們開始實施一項新策略，重新評估公司每項產品品牌。例如，我們著手討論公司的瑞絲品牌巧克力（Reese），它每年業績高達一億美元。這時我們的心態是：『它是瑞絲啊！它賣得那麼好，不需做任何改變。』但它平均每一年都只有個位數的低成長，正因爲公司不曾針對它做過任何調整。

所以我跟團隊成員說，『好吧！讓我們先後退一步想想這商品擁有哪些特有的魅力，在哪裡可以買得到？』這已經不是和品牌重建有關的問題。而且也不只是挑戰這個巧克力產品的低成長就已足夠。相對的，它遠超過這些想法，藉著這項產品的討論，眞正去挑戰賀喜公司本身的每一個問題。

我們需要先行確認瑞絲這個品牌的核心優勢、決定該採取哪些行動。瑞絲基本上只有一個包裝，內有二個杯皿。我們只有在萬聖節和復活節稍做些小變化而已。它幾乎只有一個配銷管道，利潤也十分有限。接著我問，『我們應該怎樣做，使它的銷售通路更多元化，讓消費者有其他更多選擇？爲了提供客戶更好的服務，我們又該做些什麼呢？如何發展像小點心和營養棒那些高成長的商品？』

然後我們開始談到它主要成分。我們說，『啊！它是由巧克力和花生醬製成——這是個生產餅乾的好主意。我們該全方位思考一下，不要再走回老路上了。』

兩年後，我們推出一個令人難以置信的商品，使資產總值大幅增加，瑞絲已成爲我們公司業績成長最快速的商品。這就是用全新角度去看問題。它需要更多人做不同思考和行動。

雖然也許不太適用於公司裁撤或併購計畫，但是像瑞絲這樣的全新視野，卻讓公司上下都有能力去多思考一些。再說我們能運用這種批判性思考擴展到公司其他層面。不只是商品行銷而已。

如果沒有正視瑞絲巧克力的問題，就無法除去存在每個人心中舊有的想法——它是公司最有力的品牌之一——我們也可能無法有任何重大進展。現在公司已生產餅乾、營養棒，還有隨著併購夏威夷茂那羅亞火山公司（Mauna Lao），我們也推出澳洲堅果（macadamia）小點心產品。」

倫尼點出偏重過去歷史如何使我們的思考迂腐。領導者必須有能力強迫自己了解過去發生的事，現在有什麼事可改變，又有哪些新機會正出現。然而，我們大腦早已充斥不少過去的歷史，也訓練自己對它們持有高度的認同——這給予我們一種安全感，因爲現在發生的事是我們過去早就碰過的。但在企業界，我們必須抗拒這個自發的慣性，因它對創新思考可成爲一種嚴重障礙。主管人員對腦海中正在浮現的想法，必須學會不再盲目無條件全盤接受。主管必須藉著改變自己的心態——對這些模式加以質疑——如此就能做出更可靠的決策。契爾茲描述自己對這項挑戰的反應：

「我不喜歡看到我們正依賴著過去證明可行的方向盲目前進。如果員工太輕易相信和倚賴那些他們早已知道的事，我會不時拋出另類的想法給他們思考。這是一個促使員工往前邁進的好方法，特別是當他們只依賴過去經驗做事情時。」

表現紀錄良好的經理人通常都未經思考便採取行動，這是緣於人類大腦會憑藉過去經驗，立即「歸納」出解決問題的方法。在這大腦優勢掌控期間，我們無法意識到理性思考的必要，尖銳精確的分析自然派不上用場。事實上，縝密思考需要多花一些時間，在面對險惡的生存環境下，做出立即合適的解決方案。

就是這種由大腦的慣性主宰結論的做法，使企業領導者普遍缺乏「主管智商」。他們不認爲自己不足；他們只是根據人類自然習性去處理事情。而這就是爲什麼「主管智商」那麼稀有又特殊的原因所在。

但是「主管智商」的稀少珍貴卻顯得它更爲重要，我們必須全力探索這種珍貴資源。如同地質學家探索地質就可以發現埋在地底下的貴重金屬，我們必須發現「主管智商」有什麼顯著特徵，才能去探勘它。目前爲止，被設計用作評估認知能力的，則只有一種測量工具，即智商測驗。所以接下來我們將從智商的角度來探討「主管智商」的特徵。

第七章摘要

◎大腦處理資訊的做法導致我們做出不當的結論，在沒有縝密思考下，就貿然立即採取行動。這種大腦處理事情方法的結果，其進化過程早已存在幾百萬年之久。

◎在今日現代商業環境裡，大腦嗜愛立即作出結論和貿然採取行動的傾向，通常只會對我們形成一大障礙，而不是幫助。

◎人類內心深處並沒有所謂的邏輯內造系統。事實上，人類大腦都是前後一致的、有系統化的「不合邏輯」。

◎「聯結論」造成人類大腦從看似和目前問題有關的過去經驗，立即評估相關資訊，而這個過程通常被誤認爲理性思考。

◎「過度樂觀」、「現成偏差」、「模式比對」和「心境框架」是造成拙劣決策最普遍的原因，而它們都是來自於「聯結論」結構下，大腦自行運作的直接產物。

◎「主管智商」如此稀珍主要原因之一，是其構成特質和人類大腦的偏好正好完全相反。

第三篇

給主管打分數

8

智商測驗

傳統 IQ 測驗測不出主管的能力

把傳統的學童智商測驗拿來驗證
一個企業主管的績效表現，是遠遠不足的。
推理邏輯方面的問題也許有些幫助，
但是同義字詞或背誦歷史的測驗題答題表現，
對於一個主管是否勝任就沒什麼相關性了。
而且，資深主管離學校時日久遠，
拿學校的測驗題來測驗他們，
通常只會顯得他們智商低落而已。
我們需要創造一個合適的主管智商測驗。

超越學習智商測驗

我們在前面提過一個「認知技能」的特別組合，是區分明星主管和同儕表現好壞的主要關鍵，但到目前爲止，我們所知道的、可評量的認知技能，卻都是原本用來測量學生在學校學科方面的學習潛能工具。這些技能通常是由傳統的智商測驗來評量，就某些層面來看，即使傳統智商測驗可以預測主管的工作績效表現，也只能評估部分已知的認知技能而已。更重要的是，透過傳統智商測驗評量得出的特質，不一定能成爲企業成功的最重要因素。

事實上我們有時候的確是依賴智商測驗做爲主管分類的依據——透過正式測驗或雇用擁有高資歷的員工——因爲這些都是現成指標。換句話說，我們是依賴「學習特質」來預測員工的「工作智商」。某種程度來說這還算合理，因爲學習所需要的認知技能，多少和主管工作所需的重疊。不過正如吉列執行長契爾茲所說，更多超越學習技能的特質是必要的：

「許多頂尖企業領導者都曾就讀知名學府，所受的教育也能成爲個人經營管理的良好基石，讓他們發展批判性思考及重要觀念的理解力。所以，博士級人物就成爲強大智慧力的象徵。但在企業裡，你不僅必須能想出更多主意，同時也要能把它們轉化爲具體行動。這可不容易，它所需要的技能必須超越學習技能。」

正如契爾茲指出，明星主管擁有特別的能力，和決定學習成功的能力並不相同。爲了確認這些主管的特別能力（或說認知技能）對企業領導者的必要性，我們必須爲此創造一個專爲管理工作設計的評量工具。而設計這工具之前，我們必須確認出構成「主管智商」的認知技能才有可能把它設計出來。接下來，我們先了解如何建立智商評量工具。

如何建立智商評量工具

認知技能就像所有心理特質一樣，肉眼看不見。爲了創造智商評量工具，研究工作者必須選擇一些顯著的特徵，用來標示某些認知技能的存在。這好比在麥田中探測風的存在一樣。雖然無法用肉眼看到一個人的智商，但是我們可以透過一些顯著的行爲，來評量它的存在和強度。

這項工作十分複雜，因爲到底哪些特定活動可以成爲智商象徵仍無共識。事實上，自從科學家對這議題深感興趣後，才讓「界定智商的定義」成爲一種可以爭論的議題。

儘管各種智商測驗已經被廣泛運用，不過它們之間缺乏共識，是公認的。智商測驗其中一位原創者，哈佛大學心理學家艾德恩·博林（Edwin Boring）被問及智商的定義時，他只說，「智商就是智商測驗測量的事物。」

於是心理學家向研究調查專家求助，盡全力就這個問題達成若干協議。第一個最知名研究報告是在一九二一年發表在《教育心理期刊》上。在報告中指出智商涵蓋的範圍從**「感覺、知覺、聯想、記憶、想像、區別、判斷和推理」**到**「獲得能力的能力」**。這些專家的意見仍然在今天流傳，但它仍然沒有共識。

智商測驗中要包括哪些能力選項，是由智商測驗原創者自行決定，因此，它的主觀性就很強。設計測驗的人會刻意把智商測驗設計成一個集合各種能力測驗的組合，而組合內則囊括設計者心中認定最能表現智商的各種能力。

這也是各種智商測驗令人感到困擾的原因所在。原創者們把它稱作爲「智商」的評估，表示他們所創的就是一個最完整的評量。但實際上每種測驗都尚有極大的空間可納入更多的認知技能。所以，若有誰宣稱任何一個測驗工具可以全方位測出受試者的智商，那都必然是不恰當的。

這些測驗工具是在一個有限的範圍裡評估受試者的各種能力；例如，如果你想評量某個人在數學課的表現如何，那麼讓他回答詞彙同義字的問題，遠不如請他解答算術問題，所獲得的分數更有預測性。

而這些測驗範圍有些部分會相互重疊，這種優越能力會使某人在數學上有良好表現，同時也助於文字表達的科目。所以，預測某人數學的資質，從他文字表達測驗的得分，會比從他跑一公里有多快來預測會更準確些。當然，運用文字表達的得分來預測數學能力一定不像運用數學測驗的得分那麼有意義。這種不精確都存在任何一個智商測驗裡。

在電影「雨人」裡，達斯汀・霍夫曼扮演雷蒙・巴比特（Raymond Babbitt），一位深受自閉症所苦的角色。雖然他無法處理日常瑣事（像是洗澡時分不清冷熱水），但是他在數字方面卻充滿天分。如果把智商界定爲「一個人有能力去完成一項特別工作」的話，那麼雷蒙可說是天才。但更合理的解釋卻只會把他歸類成一位數學方面的專家，因爲他只是擁有某個有限範圍（及數學方面）的優異技能而已。

雨人的案例顯示某些智商測驗可以測出某些天才的標記，但當把它套用到企業時，卻無法建立一種智商評量工具，集中在一些特別互有相關的技能上，因爲這多少都會造成困擾。公司被告知得依賴智商去判斷候選人的品質，但至今針對該目標而設計的有效評量工具卻遲遲尚未出現。

我們大多曾體會到，一些以智商測驗來認定可稱爲天才的個人，他卻總是缺乏優秀主管所必備的基本技能，例如如何從一大堆不太重要的待辦事項中，區分出最重要、最優先的事項，又例如他永遠搞不清楚如何避免說出惹人厭的話語。

明白目前現行各種智商測驗的侷限，對了解它們如何和評斷「精明幹練」這種不斷蛻變的概念一起發展，無疑十分重要。

不斷蛻變的智商概念

全球第一個「智商測驗」是由法蘭西斯・高爾頓爵士（Sir Francis Galton）在一八八三年提出，他主張構成智商的兩大核心特質分別是：精力和對刺激的敏感度。聲譽卓著的高爾頓是世界第一位心理學家，他認爲，凡是有智商能力的人必然是一位精力充沛的勞動階級。因此，他推測擁有更多精力的人——通常都能刻苦耐勞——更必定是一位精明人士。高爾頓也相信擁有高智商的人，對身體刺激的敏感度更高。從他的觀點來看，這些人都是身手敏捷靈巧的人，對周遭環境有極高的注意力。

高爾頓對智商的定義是以生理特性爲基礎，這很明顯受到他姪兒達爾文所提出的進化論和物競天擇等看法的影響。對高爾頓來說，「智商」是個人爲求生存從競爭中勝出的顯著生理特質。但這並不適用於今日的學習智商測驗，因爲他認爲這些能力是賦予個人在爲求生存與別人肉搏時能占盡上風。

爲了測量智商，高爾頓給研究對象進行聽力測驗和生理挑戰，以確認研究對象的反應和意識度。在一八八四到九〇年間，一般人都熱愛測試自己的能力，所以便紛紛前往英國倫敦南肯辛頓博物館（the South Kensington Museum）接受高爾頓的智商測驗。雖然高爾頓是第一位運用智商測驗的人，但是他的理論都不被普遍接受，他設計的測試方法只不過是歷史上的一個註腳。

在高爾頓之後，智商測驗不再受到進化論的影響，焦點轉移到判斷學童的學習潛力上。我們今日普遍認可的認知能力測驗，是一九〇四年由法國巴黎教育部長所提出，當時他成立一個委員會，專責測試身心缺陷造成學習障礙的學童，確認哪些學童無法接受正常教育，將他們分發到身心遲緩專班就讀。一九〇四年，比奈正式接掌該委員會工作。

比奈和同事提奧多・西門（Theodore Simon）共同設計出一個合乎教育部長要求的測驗方法。他們覺得學童學習能力可以透過一些測驗進行評量，而這些測驗涵蓋了學童在學校中學習課程的本質。比奈這個概念很快被引進美國，並由史丹福大學心理學教授路易斯・特曼（Lewis Terman）創造出「斯比智力量表」（the Standford-Binet test），成爲今日智商測驗市場中的領導者。

這套測驗不但集中在字彙和算術的技能，而且也包括機械推理測驗及空間推理測驗（學校所教的科目），他們要求學童用寫作、複選題型式來回答問題，而這些型式也是學校最常用的。不久，這些測驗被證明爲學校成功辦學的評量預測器（predictors），能讓學校行政主管明確分辨出智商優質學童和身心障礙學童，把他們分發到不同班別，接受最合適的教育。隨著社會各界的需要，很快的這套原本只適用於學習的智商測驗也推廣到其他不同領域。

智商測驗與經營管理工作

在一次世界大戰期間，許多美國心理學家爲了報效國家，貢獻一己之力，便引用比奈的智商測驗作爲篩選合適從軍者的主要方法，藉此從無數志願者當中挑選出最精銳的美軍成員。這是第一次針對成年人做大規模的智商測驗，他們認爲這些原本以學童爲主的測驗，也可應用到預測非學童的表現上。

在此之後，不少知名心理學家也將之應用到新進人員職務分配上，爲私人企業領域創造出重大利益。在這段期間，《美國應用心理期刊》這本最老牌和最著名的工業心理學權威，也開始刊出一系列有關在現實世界中運用智商測驗的報導。

一次世界大戰結束後，相關研究機構紛紛建立，致力於擴大心理測驗的優點和利益。其中一家「心理學公司」（Psychological Corporation），是由心理學家詹姆士・卡特爾（James Cattell）創辦，直到今日，它針對挑選員工所設計的心理測驗，發行量仍然是業界最大宗。到一九五〇年代，企業雇主利用智商測驗已十分普遍。

就從那一刻開始，智商測驗便成爲所有心理學工具中，最廣泛應用和密集研究的對象。

它的預測有效性不但對原來目標相當高——即對學校來說是成功的——實際上它也被證實是一個任何行業最有力的績效表現預測器。

一九九八年，兩位受人尊崇的評估方法論研究專家，美國愛荷華州立大學教授法蘭克・舒密特（Frank Schmidt）和密西根州立大學教授約翰・杭特（John Hunter）在《美國心理學會報》中發表一篇針對過去超過八十五年跟智商測驗有關的研究報告。他們對所有主要評估方法論的預測有效性加以比較，宣布智商測驗也適用於招募任何雇員。二〇〇四年，舒密特和杭特針對這個議題發表進一步的研究報告，在報告中他們綜合整理了五百一十五份獨立研究個案，其中雇員人數超過十萬名，宣稱運用這些認知技能測驗來預測員工績效表現，較用「任何其他能力、特質、性情或工作經驗」都要好。

此外，研究也證實當工作複雜度增加時，智商測驗的預測有效性也隨之增加。這種發現不斷重複出現。

例如，一九八四年兩位教授杭特和榮達・杭特（Ronda Hunter）共同發表一篇大規模的調查研究報告，他們綜合整理了四百二十五個獨立有效研究個案，雇員人數逾三萬二千名。他們發現，複雜度較低的工作（如農場雇員或一般勞工）在智商測驗的表現變異數只有百分之五，但在主管層級，表現變異數則高達百分之三十四。同樣結果也發生在二〇〇三年他們發表於《應用心理期刊》的研究報告中，該報告總共整理了一百三十八個研究個案，雇員逾一萬九千名。

預測能力
智商測驗vs其它評估工具*

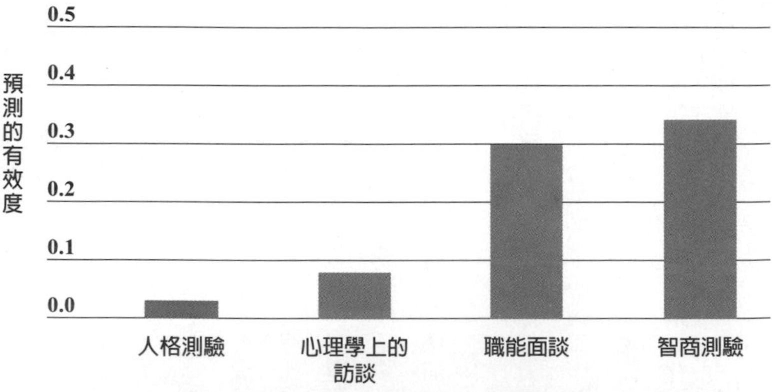

*穆瑞・巴力克（Murray R. Barrick）、麥可・蒙特（Michael K.Mount），〈五大人格特質和工作績效：後設分析〉，《美國人事心理學期刊》第 44 期第 1 篇（1991 春季號）頁 1 至 26 ；麥可・麥丹尼爾（Michael McDaniel）、迪波拉・懷梭爾（Doborah Whetzel）、法蘭克・舒密特、史蒂芬・莫瑞（Steven Maurer），〈聘僱面談有效性：概括性評論和後設分析〉，《美國應用心理期刊》第 79 期（1994 年）頁 599 至 616 ；斯特凡・莫托韋羅（Stephan Motowidlo）、蓋瑞・卡特（Gary W.Carter）、馬文・杜納德（Marvin Dunnette）和南茜・提朋斯（Nancy Tippins），〈結構性行爲面談研究報告〉，《美國應用心理期刊》第 77 期（1992 年 10 月）頁 571 至 587 。

正如上面的圖表，智商測驗至少和職能面談（今日聘雇和升遷最普遍的評估方法）同樣有效，成爲預測經營管理成功的工具之一。甚至，智商測驗更比人格特質測驗強達十倍之多。這證明了儘管智商測驗原本是爲學童而設計，但是它和經營管理績效卻有重大關連性。那麼到底是什麼讓它們能如此準確預測？

從上圖我們知道部分對主管績效表現相當重要的思考技能，眞的可被智商測驗評量出來。想一想以下這個最常見的智商測驗題，它評估個人的邏輯推理技能：

假設以下三句描述，前面兩項正確。那麼最後一句是⑴對⑵錯⑶不確定？

那個男生打棒球。

所有打棒球的人都戴上帽子。

那個男生有戴上帽子。

如果我們知道那個男生打棒球，而所有打棒球的人都戴上帽子，那麼，我們就可以很安全的推論出那個男生有戴上帽子。答案是：⑴對。而這種推理方法，和經理人一直都必須持有的邏輯推理技能有點相似。現在讓我們重新做一遍以上這個問題，使它更和企業決策有明顯的關連。

假設以下三句的前兩項是正確。那麼最後一句是否也是對的？

ＡＢＣ總是透過美國聯邦快遞公司（ＵＰＣ）運送貨物。

ＵＰＣ總是在二天以內把貨物送到我們手中。

因此，應該可以在兩天內收到ＡＢＣ公司剛剛出給我們的貨。

再一次透過正確的推理，我們可以作出結論，而你的假設也確實沒錯。這是一個實例，說明藉著某些以邏輯推理爲根據的智商測驗，可以測量和經營管理有關的推理技能。但是，仍然有些智商測驗測量的技能幾乎和經營管理工作沒什麼關係，例如：

選擇一個與下列字彙最接近的解釋。不屈不撓（pertinacious）指的是：

(1)頑固的（obstinate）
(2)易受騙的（credulous）
(3)冗長的（prolix）
(4)大意的（synoptic）

回答這個問題的能力根據的是個人對字彙的掌握程度。如果我們認爲「不屈不撓」的解釋應該是「頑強不讓步的」，就會很容易選擇(1)頑固的做爲答案。但是擁有字彙天分對經理人的角色扮演卻沒多大意義，因爲這個熟練程度對他們的專業職責沒多少作用。類似這些智商測驗的問題，雖可得知個人精於某項技能，但它與主管工作卻沒什麼相關性，而它的得分成績，就不太能全面預測個人的能力。

智商測驗所評估的各式各樣技能，或多或少與經營管理工作有關連，它應該毫無疑問成爲主管特質最有力的指標之一。可是，爲什麼智商測驗沒有被普遍用來測量明星主管？很不幸的，這些測驗伴隨著一些嚴重缺失，限制了它們運用在管理族群的評量。而部分智商測驗所帶來的問題，又是那麼十分確實，所以有一群人便強力反對採用任何智商測驗。結果是深深折損了企業發掘眞正經營管理天才的能力。

創造一個合適的主管智商測驗

智商測驗中部分已知的預測能力，看起來十分奇特，對主管評估也有些珍貴效果。可是由於其中存在不少問題，遂使得這些智商測驗被認爲是不公平和不相關。結果便造成主管難以接受這些智商測驗，同時企業也對它們有幾分懼怕。換句話說，儘管這些認知能力測驗有著明確的預測價值，可是因爲它們本身存在一些缺點，所以便遭到唾棄。

正如我們在前面談到的，運用智商測驗一個明顯的障礙，就是它們所測量的技能被認爲跟主管表現沒什麼相關。例如，韋克斯勒（Wechsler）成年智商測驗——是當今最知名的智商測驗。這套測驗工具是透過字彙和言辭類比法來測量個人語言技能，在數學技能上，是運用算術測驗，而測量空間推理技能則是以堆砌方塊測驗進行。很明顯的，大部分測量技能的測驗問題，和實際主管工作的距離極大。

肩負決策責任的主管，都不太會遇到智商測驗中描寫的那些有關算術、空間推理或字彙言辭等問題，而且大部分主管都在這些方面都擁有足夠的基本技能，能夠把工作做好。用字遣詞十分突出，或者是具有數學天分，不見得可以使個人發揮卓越領導績效。因此，運用這些議題去區分經理人的能力，無疑讓他們有一種不公平的感覺。爲了避免這種瑕疵，評估工具就必須以具相關性的問題爲主。例如，測量算術技能，就必須改用測量「評估資料的品質」或「界定合乎邏輯的解決方法」等技能來加以取代。

把智商測驗運用到企業的另一個障礙，就是它的測驗型式被認爲跟主管每天所面對的難題型式不太相關。企業主管很少會面臨到像智商測驗那種單選題的問答型式。企業所有問題都很難被界定清楚，而潛在解決方案也有許多項。所以智商測驗便無法評估個人在企業中所需的實際可用的、合乎自己需要的思考能力。

由於問答型式的缺點，所以某些高智商的個人可以從測驗中輕鬆得到高分。這個問題可以加以改善嗎？最顯著的解決方案就是把問答調整爲必須做立即口頭反應，而好答案也不只一種的型式。這種型式更密切合乎企業環境現況，能賦予測驗更高的可信度。

智商測驗不被企業廣泛運用，還有一個原因是它容易受到種族歧視的責難。少數民族的答題表現普遍不如白種人優秀。這可能是由於測驗問題偏重學習科目，因此智商測驗得分的差異，反映出少數民族確實獲得較少就學機會。一個合適評估主管智商的方法，就必須減少在教育訓練的偏重，反而要直接針對測驗對象達成經營管理決策的能力來設計。

智商測驗不被普遍接受的最後一個原因，則是隨著受訪者年紀愈大，所得的分數就會愈低。不過，並沒有任何心理學家曾認爲人年紀愈大智商便會愈低。他們只不過是遠離正式教育訓練很久，所以在解答學習類型的問題時，感覺生疏罷了。目前許多智商測驗已顧及到年紀問題，作出必要修正。而在智商測驗中年紀愈大得分愈低這個事實，也支持了以下看法，即這些測驗並不適用於位居高階的老員工。因此，藉著創造一個主管智商評量工具，把重心放在測量這些人在工作方面的決策技能上，便可以有效消除年紀差異造成的問題。

以上這些缺點造成智商測驗無法符合企業的需求，因此無法普遍採用。公司組織知道有智商這回事，但是至今卻也沒有合適的工具來區分員工的能力。我們只是不斷在延伸智商的多重替代意義。可是，這些對目前主管評估實務都沒多大影響力，反而只對情緒智商（emotional intelligence, EQ）概念有影響而已。

第八章摘要

◎決定主管效能的技能，超越學習成功所需的一切技能。

◎傳統智商測驗無法評估明星企業主管所擁有的眾多認知技能。

◎到目前爲止，尙沒有一個可以被廣泛接受的智商定義。

◎智商測驗被設定用來測量一系列的能力，而這些能力是由其原創者所擬出，因爲他相信它們能具體呈現出智商。

◎智商測驗的預測有效性不但對原來所設定的測試目標相當高（即對學校辨學來說是成功的），實際上它們也被證實是一個任何行業最有力的績效表現預測器。

◎即使這些智商測驗具有相當高的預測性，但由於它們存在不少嚴重缺點，幾乎使它們完全無法運用在資深經營管理族群上。

9

EQ・魅力・人格

三種謬誤的人才評量概念

既然傳統智商測驗無法評估
受試者是否眞的有能力做好主管工作，
各種其他理論與評估工具就趁勢而起，
紛紛攻佔了招募單位人員的檔案櫃與辦公桌。
其中有三個過去最流行的「主流」評估概念，
我們將在本章說明它們興起的原因、
要評量的是什麼，
還有它們在眞實情況中所評量出來的結果
有什麼不足之處。

趁勢而起的情緒智商理論

「情緒智商」（Emotional Intelligence）一詞首度出現在一九六六年德國研究心理學家漢斯卡爾．奈納（Hanscarl Leuner）一篇名爲〈情緒智商和解放〉（Emotional Intelligence and Emancipation）的文章裡面。他假設成年女性拒絕扮演社會賦予的角色，主要是情緒智商偏低所造成。他並沒有對自己提出的概念賦予清楚的定義或評量依據，他從理論上去說明他的當事人如何難以了解和管理自己的情緒，因爲她們過於早熟，很早就離開母親而自立。在研究案例中，他針對這些女性施以搭配中樞神經迷幻劑的精神療法。

接著有關情緒智商的資料則出現在一九八五年一篇未公開的學術論文上，作者是名爲韋恩．柏尼（Wayne Payne）的英國研究所學生。他把情緒智商形容爲一種核心智商的類型：即「事實、意義、眞相、關係……等都存在於情緒的領域之中，因此，『感受』本身就是事實」。韋恩提倡在孩童時期就應透過治療方式和各種學校活動，開發培育情緒智商。他指出這是幫助人們學會更能自由表達情緒的大好機會。

不過情緒智商在當時沒有引起注意，直到一九九五年美國紐澤西州立羅格斯大學教授丹尼爾．高曼（Daniel Goleman）《ＥＱ》（*Emotional Intelligence*）一書成爲全美最暢銷書籍時，整個情勢才爲之改觀。及後他在哈佛商業評論發表許多文章，建議領導者必須注重他這個理論，因爲這和他們本身的成功息息相關。高曼把情緒智商界定爲一項獨特能力，表現出強烈的學習動機或能力、強大自制能力、對別人有同情心和充滿希望等行爲。

高曼的情緒智商概念對主管評估領域產生重大影響。事實上也很難找到另一位心理學家像他那樣對現今主管評估實務帶來如此大的衝擊。他的影響力成爲審視主管情緒智商最普遍的工具，差不多所有的大型主管研究機構都引用他理論中的評估方法。高曼藉著引人入勝的文采，反覆強調言辭表達和數學問題仍應成爲智商評估的終極工具。他呼籲重新檢定以學校爲基礎的智商定義，全面進行重考，這爲企業界和社會大眾敲下了一記和諧共鳴之鐘聲。

因爲，數以百萬計的人，他們的未來都曾受到過去智商測驗得分較低的影響，所以他們對高曼這個改革聲音自然十分歡迎。有些企業領導人十分熱衷於高曼的觀念，希望藉此發掘更好的方法來辨識出他們拚命找尋的明星人才。高曼促使社會大眾更了解人類智商的複雜性，強迫我們擴大什麼才是精明幹練的視野，他這些做法實在值得令人讚賞。

不過，像這樣一個企業間廣泛運用的心理學概念，它所遭到經營管理科學文獻的嚴厲批評，也是前所未見的。主流研究學者最關切的是情緒智商爲何可以在沒有任何實驗研究的支持下，就宣稱可作爲預測工作績效表現的工具。直到目前爲止，儘管有很多可靠的研究科學家都投入了許多的努力，但還沒有任何一個公開的研究曾經顯示出情緒智商在工作績效預測上，可以超越其他已經長期建立而且普遍運用的評量方法。

二〇〇三年，兩位在情緒智商領域受人尊敬的研究學者美國耶魯大學彼得・沙拉維教授

（Peter Salovey）和加州大學爾灣分校的大衛・皮薩羅教授（David Pizarro）共同發表一篇名爲〈情緒智商的價值〉的文章，說明關於情緒智商的最新研究情況。

他們指出在持續缺乏實驗研究的情況下，仍可運用情緒智商來預測工作績效表現，但他們警告若一再缺乏實驗佐證，對這個理論的質疑只會不斷增加。同時他們也承認，在仍沒有建立起檢視員工績效特質的測驗工具時，情緒智商對以上這個重要但被忽視的議題，卻提供了一個未來研究的有用架構。

爲什麼這個過去十年來最著名的理論，如此難以證明它的價值？問題在於情緒智商指標的各種行爲，長久以來都被認定爲人格特質，因此，它傾向於以行爲爲優先考量，而不是以實際性向爲主。

美國加州大學聖塔芭芭拉分校心理學教授理查・梅耶（Richard Mayer）、耶魯大學沙拉維教授和「工作—生活策略公司」顧問大衛・卡羅素（David Caruso）在《智商手冊》（*Handbook of Intelligence*）二〇〇〇年版本中共同發表一篇文章。他們警告情緒控制、成就動力、同情心和積極思考等（這些都被稱爲情緒智商的一部分）都被涵蓋在最普遍運用的人格模式之中。同時也推斷以這些特性爲基礎的評估，所獲得的資訊十分有限，遠不及那些有效的人格量表所提供的資訊。

一些實驗研究也支持梅耶和卡羅素的看法。魯溫・巴昂（Reuven Bar-On）發明的「情緒智商量表」〔The Emotional Inventory（EQ-I）〕，是第一個被普遍接受、又實用的情緒智商測量工具。在這個測驗中，各個獨立評量都能顯示出它們和人格特質有高度關連，這些人格特質分別爲意識、社交性、和同情心等，評論家一致認爲這個「情緒智商量表」是測量這些特質最簡便的測驗工具，同時也被用作研究調查達數十年之久。

有趣的是，儘管人格特質和智商同樣被視爲重要的心理現象，卻不曾看見它們彼此之間有多少關係。例如，某些人個性高度進取有活力，但某些人態度卻是十分散漫。這種人格分類絕對不會成爲判斷個人精明與否的指標，因此，用它來預測工作績效，人格評估就難以取代認知能力的測驗。

一九九一年，美國愛荷華州立大學教授巴力克和蒙特發表了一份研究報告，探討運用人格特質來測量工作績效的實驗研究。該報告在發表後，立即被廣泛引用。在報告中，共有二萬四千名研究對象，人格特質在員工工作績效上只有百分之四的變異數；但用作評量智商的智商測驗在員工工作績效上的變異數卻超過百分之三十，高出人格特質的預測性近十倍之多。因此，情緒智商過於側重在人格特質，通常都會使它的預測性受到嚴格限制。

且不論情緒智商本身的侷限性，重要的是我們要了解爲何情緒智商受到這麼多重視。在某種程度上，情緒智商可以脫穎而出，是因爲還未出現可以比它更適合用來了解和測量主管智商的合適工具，因此情緒智商得以脫離智商測驗對智商的傳統定義，重新詮釋新的智商概念。然而，以偏向人格特質的測量方法取代原來的做法，讓觀察者對認知技能這個無可爭辯的眞理感到混淆，可能是有問題的，因爲認知技能本身就是評量主管最重要的決定因素。

不幸的，以人格特質做爲評估主管智商主要工具的這個問題，已存在幾十年。它是一項持續的誤解，一個可怕的困擾，認爲人格特質和作風便是績效表現的主要指標。接下來讓我們看看另一個以人格性質爲根據的領導力理論：魅力領導（charismatic leadership）的造神運動，它在一九九〇年代後期大行其道。

掉進魅力領導的陷阱

魅力領導理論是一九〇〇年代由德國社會學家馬克思・韋伯（Max Weber）首度提出。他把魅力領袖形容爲「與一般人不一樣，被上天賦予一些獨特能力和特質，這些都是常人不易擁有的事物，唯有聖人後裔或有代表性的人物，才被認定爲領導人物。」對韋伯來說，魅力型領袖是指有能力進行革命或完成變法的人。他把魅力描繪成「一種個人人格的特質」。那個年代適逢社會動亂，人民正努力尋求一位權力指標人物來領導他們。基於此，魅力領袖是時勢造英雄，而不是英雄造時勢。

韋伯指出魅力型政權相當看重成功。魅力領袖當道時，他們身上散發出的強大特質會被解讀爲肩負爭勝的重責，也會因此被看待爲天才型人物。但是，當他們遭到挫敗時，圍繞在他們身上的氣質就會瞬間消失。我們對此並不感到驚訝，因爲這些挫敗只不過反映出他們缺乏眞正必備的技能而已。

雖然在一九六〇年代，魅力領袖已廣泛被社會學者和政治學者研究，但是直到一九八〇年，甚至到九〇年代後期，它卻不爲公司組織研究工作者所重視。管理科學家在倡導這項理論時，則把這項個人魅力形容爲「具有效能」(effectiveness) 的決定性因素。他們主張，傑出領導者能夠說出一些煽動人心、令人讚歎的話，清楚勾畫出公司未來的獨特經營理念，採取顯著的象徵行動，點燃跟隨者的熱情，獲得他們的高認同度。

哈佛商學院企業組織行爲學教授拉凱許・古拉納 (Rakesh Khurana) 在二〇〇二年出版的《尋找企業救星》(*Searching for a Corporate Savior*) 中解釋這個概念廣泛流行的眞正原因。古拉納評論：「魅力領袖獲得讚賞，是在於他有能力去啓發和激勵員工，同時也能給市場分析師和投資者帶來信心。」到目前爲止，如同古拉納的研究結果顯示，在主管爲求達到目標不惜全力以赴一事上，通常都會十分強調以上這些特質。他指出：「策略、政治和其他經營管理技能，總是被低估爲通俗無聊、單調乏味，又或是被忽略爲無關緊要的事物。」

古拉納表示，一九九〇年代許多企業潰敗，是因爲他們在邀聘領導者時，只重魅力而不在這些人本身的眞正才能上。接著他舉出一些案例，點出挫敗原因是在於公司不去雇用一些擁有合乎需求優異技能的人，反而只側重在那些具救世主人格、引人注目的人身上。朗訊科技執行長羅素，就這種人格和能力作出以下比較：

「魅力，這個重要特質——我們擁有它眞好。不過，個人要有能力、才華和領導力，才能成就大事。雖然你可以擁有全世界所有魅力，但是如果你無法有效領導、管理和獲得成果，一切只是枉然。如果你最終都沒有這樣表現的話，那麼所有偉大的主張終將成爲空想。而未來很快就會出現在你的眼前，它會如何就視乎你是否能把願望成眞。」

美國線上執行長米勒也提出魅力和能力有別的看法。他認爲魅力型領導者通常無法把焦點集中在公司生死存亡的關鍵上：

「一位魅力型領袖無法給你的市場和客户提供有效的幫助。你可以針對市場需要和客户需求做理性分析，建立一個以他們利益爲主的公司。相對的，由魅力領袖領導的公司型態，只會以自我爲中心，而不是客户。」

正如米勒指出，魅力型領袖實際上會嚴重阻礙建立有效能的公司組織。即使近年來魅力領袖的眞面目已大多被揭穿，但是它殘留下來的餘孽仍然存在。所以過分強調主管績效表現的人格特質和作風，這種情況依舊持續不衰。因此，直到我們看清楚在主管評量方法裡，相關和不相關的標準規範如何摻雜其中之前，都不可能有希望打開這個結。

對人格的過度讚美

即使在魅力領袖理論或廣爲流行的情緒智商出現前，有關人格對主管績效的重要性，早已被過分強調。

擁有魅力人格的領導者，較那些謙卑或小心翼翼的領導者占有巨大優勢。一般來說，在徵募主管時，公司和每一位應徵者的對話都同樣有限，而在職位昇遷時，也通常都會過度受到一些特徵的影響，例如當事人的魅力、討人歡喜，和社交風度等。在以上所有情況下，個人風格通常都會勝過個人實力。

到目前爲止，正如吉列公司執行長契爾茲表示，傑出主管通常都個性保守，所以如果僅依作風標準來判斷他們的話，他們的傑出才華將會被忽略：

「美國康寶濃湯公司執行長道格・康奈特（Doug Conant）是一位相當有理想、保守、自謙有禮的人。就某種程度來說，他的個性十分拘謹保守。雖然他有魅力，但是他沒有每一天都把它散發出來。可是他仍然是一名非常優秀的領導者。他能夠應付各種棘手情況，也有能力用自己方法把它們一一解決。在面對問題時，他總能得到最正確的答案。」

事實上，經理人都可以擁有一系列廣泛的行爲樣式，而且也同樣具有效能。例如，雖然人性關懷通常都被視爲一個正面積極的人格特質，但是缺乏這個特質卻不會明顯限制個人經營管理績效的表現。如同其他所有人格特質，只要個人表現落在一般認定爲正常行爲的範圍內，這些特質對主管表現多好，所扮演的角色無足輕重。

人格並不是明星天才的識別器，當它被用作此用途時，就會成爲一種危險的精神錯亂。芝加哥大學心理學教授契克森米哈伊針對全球最傑出人物進行過無數深入研究調查，結果顯示這些人都沒有任何特別的人格特質組合。

在他的研究調查中，不少人類歷史上最聰明的人才——企業領袖、科學家、政治領袖和藝術家——都沒有共同一致的作風模式。例如，世界名畫家拉斐爾是一位十分樂觀和外向的人；但另一方面，和他同時代的名畫家米開朗基羅卻是一位極端悲觀和內向的人。所以以人格作爲他們卓越表現的指標是無效的。

契克森米哈伊更引用美國花旗銀行執行長約翰・瑞德（John Reed）跟他說過的話，強調他的研究發現成果。瑞德說，「我認識許多全美前五十大、一百大企業的領導者，他們幾乎都在同一個等級上……可是他們個別的作風、性向、人格都沒有相似之處。除了企業績效表現一致外，對其他任何事情都沒有一個共同模式。」

我們看看在美國製藥行業裡兩位非凡的執行長，他們的作風是如何大不相同。他們同時把兩家經營不善的公司成功轉變爲傑出企業，也同樣受到各方高度肯定。

美國先靈葆雅製藥公司現任執行長、法瑪西亞—普強醫藥公司前任執行長佛瑞德・哈山（Fred Hassan）是眾所周知重感情的人。該公司策略溝通部門主管肯・斑塔（Ken Banta）說：「每一個與佛瑞德共事的人，都會感到很輕鬆自在。」在哈山擔任先靈葆雅公司執行長六年期間，他把公司資本額增長了達十倍之多，及後在二〇〇二年，美國輝端大藥廠併購法瑪西亞—普強醫藥公司，付出高達六百億美元的天價，創下業界的歷史新高。

另一位則是湯瑪士・艾柏林（Thomas Ebeling），他和哈山一樣，把自己所負責的美國諾華製藥公司做出同樣的成功轉變。在二〇〇〇年，他被擢升爲執行長，將這家早被認定表現不佳的企業，轉型爲一個可怕的競爭對手。二〇〇一年富比士雜誌把它形容爲，「諾華突然之間變得像美國默克製藥公司那樣，成爲足智多謀、以智取勝的重量級企業」。

哈山、艾伯林把公司成功轉型爲具競爭性的企業，表現可說是十分突出。可是這兩個人的個性作風卻完全不同。艾伯林是業餘拳擊手，個性木訥寡言。而艾伯林則強調與員工建立良好人際關係的重要性，同時也盡力維持這種關係。不過，他也提出以下忠告：

「有時我必須全力主導整個團隊運作。因爲我感覺這應該是我的責任，教導他們在面對競爭對手和交易時必須不屈不撓、沉著以對。我相信爲了幫助他們在激烈競爭環境裡成爲傑出經理人，這樣做確有此必要。

我喜歡用一種帶有批判性的嘲弄方式去對待他們。我批評他們、挑戰他們，希望他們能夠知道自己所處的現況。我們把焦點全力集中在手上的議題，而我也努力尋求一個有創意和敏銳的思考。把以上這種對話方式引用在當前環境下，十分有效，特別是當你試圖去改變公司組織運作或習慣時更是如此。」

很明顯的這兩個人擁有截然不同的人格。因此，人格並不是他們成功的決定性因素。那麼，到底是什麼原因使他們如此成功？

在論及他們成功重整企業，讓業績扶搖直上的傑出表現時，他們兩人在人格上的明顯差異，相較於他們對事情的看法見解相當一致，就顯得失色多了。例如，當哈山出任法瑪西亞製藥公司執行長時，只有一條高齡人口藥物生產線，和一條新藥物補給線，這些都被認爲市場發展潛力有限。但是他很快就著手重新界定公司的定位，主攻開發新藥物市場。

例如，專治尿失禁的新藥物「迪托勞」(Detrol) 就是該公司當時推出的新產品。然而尿失禁這種病況並不普遍，新藥物市場潛力有限，平均每年銷售額只有一兩億美元。這時哈山要求重新審視先前它只能治療尿失禁的假設。這個行動使工作團隊體認到，雖然它仍不是一個定義明確的醫療病徵，但是有許多人正飽受另一種更普遍的尿失禁型態所苦——「膀胱過動症」。這時「迪托勞」就被進一步發現可以更有效治療這種常見疾病。以下是哈山的說明：

「當我來到法瑪西亞製藥公司時，我看到的是一家正在向下沉淪的公司。我們在主要藥物生產線上，只剩下一個銷售部門。公司失去了信心，也沒有了方向。而我們的迪托勞（專治尿失禁）、薩拿坦（Xalatan，專治青光眼）和甘普托沙（Camptosar，專治腸癌）等新藥物的市場發展空間十分有限——平均只有二億美元。但是我們看到這些新藥物的市場潛力，對它們賦予重新定位，更貼近市場的需求，務使公司能踏上成功之路。例如『膀胱過動症』甚至也不是一個醫學專業名詞，它只不過是俗稱的『尿失禁』而已。治療尿失禁的藥物市場很小，可是我們卻把它加以延伸，發展出一個名爲『膀胱過動症』新的類別。正當尿失禁被看作是一個嚴重但不常見的病症時，我們卻讓社會大眾藉此多認識這個疾病。此外，我們把它從一個十分嚴重的身心困擾問題中加以抽離，並發展爲一項新的類別，讓一般人都可以很坦然的談及這個普遍病徵，不再難以啓齒。」

透過質疑法瑪西亞公司原來的假設（發展新藥物的用途僅針對醫學分類上的疾病），接著引導工作團隊對公司藥物重新定位，從而在一夜之間便把「迪托勞」的市場發展潛力，提昇到十億美元大關。至於艾伯林也是用同樣觀點來看待諾華製藥公司，挑戰現有的假設：

「我從百事公司來到諾華製藥工作，可說完全是製藥業的門外漢。一個局外人的身分讓我得以用全新視野去看待這家公司。例如，我了解公司財務人員總是把焦點集中在節省成本、刪減預算上。但當我確認到生產力和成本管理同樣重要時，財務人員的動作根本不可能成爲公司獲利的一大動力。

在一個高風險、高邊際利潤的行業裡，更重要的是研發出治療不治之症的新藥物，同時也必須藉著臨床藥物研發、生命周期管理、併購其他商品、強力行銷與業務取向，務使業績不斷成長。」

畢竟在追求獲利率的市場中，任何銷售數量的增加，總會帶來更多利潤。當艾伯林在二〇〇一年成爲該公司執行長時，他積極致力於擴張諾華製藥的市場占有率，無條件的收購一些藥物，像是輝瑞製藥公司一種名叫「賦能保士」（Enablex）治療膀胱過動症的臨床實驗性藥物。同時他也運用策略聯盟手段，與全球最大生化科技公司，基因科技公司（Genentech）建立合作夥伴關係，更大量持有創新尖端科技公司的股權，像是美國艾迪尼斯生物製藥集團（Idenix Pharmaceuticals）。從二〇〇一到〇二年，諾華製藥業績成長了百分之十三，達一百三十六億美元。在二〇〇三年，業績增幅爲百分之十八，獲利總金額達一百六十億美元。

以上這兩位執行長都能透過體認目前讓公司受重創的錯誤看法，立即作出必要修正，以改善公司的績效表現。這是在於他們的精確分析（而不是他們的個性）肩負起公司營運績效的重責。事實上，他們的人格特質，和使他們獲得成功的根本實質並沒有什麼關連。

這項觀察已被實驗研究數據所證實，確認大部分人格特質對績效表現評比極少帶來任何影響。而偉大領導者的待人接物的作風也廣泛不一。但很不幸的，人格和領導風格卻仍然支配著主管評量，相對的把其他更有意義的特質排除在外。

所有針對評量對象最常見的話語，都集中在人格特質上，像是討人喜歡、幽默感或風度不凡等。這些話語只會浪費我們的時間，使我們偏離了眞正的焦點，無法集中在哪些才是傑出績效表現的原動力上。然而，不幸的是當公司組織花時間以個人風格去判斷個人績效表現時，付出的代價無疑是犧牲了評估眞正造成個人成敗差異的基本特質。

作風和人格：持續中的困惑

情緒智商和魅力領導廣泛流行，成爲近年來最主要的管理理論，也讓我們看不見哪些才是眞正使主管成功的特質。這兩個理論有如經營管理科學中的「香草添加物」。沒有人會確實知道它們是否有其價值，而且據獨立研究調查結果顯示，它們並沒有自己所宣稱可以發揮出某種程度的效果。

就像香草添加物一樣，用這些領導理論取代一些更有效的特質，僅以人格和作風爲基礎是十分危險的事。而有關領導力以人格爲主的看法，在績效表現上只扮演著一個小小角色而已。當它們這種非主流評量標準成爲主角時，卻傷害了我們確認或培育獨特人才的能力，而一切評量標準也會被不相關和被誤導的議題模糊掉。

現在讓我們重溫一下造就一位魅力領袖的基本特質。知名的華頓商學院教授羅伯・侯斯（Robert House）是一位備受推崇、著作甚豐的領導理論研究學者，他在自己《一九七六年魅力領袖理論》（*A 1976 Theory of Charismatic Leadership*）鉅著中，對魅力特質作出明確的界定。至於他所條列的品質，包括：主導性格、強烈的個人信仰、左右他人的絕對欲望，以及非比尋常的高度自信等。由此看來，很明顯的在其中都沒有提到任何有關個人決策品質的參考資料。

同樣缺點也可能出現在情緒智商上。紐澤西州立羅格斯大學高曼、凱斯西儲大學理查・波雅齊斯（Richard Boyatzis）和賓州州立大學教育學院安妮・麥基（Annie McKee）等知名學者就公開揚棄橫亙在主管之間思考品質的差異。他們在二〇〇三年合著的書《先決領導》（*Primal Leadership*）裡面便強調，「我們認爲『智商』和『清晰思考』就是把個人引進管理大門的最主要特性。如果沒有這些基本能力，就不得其門而入了。」

以上這種說法是一個沒有根據的假設，他們認爲這些個人跨進管理大門，就一定同樣擁有「智商和清晰思考」的能力。這本書的作者利用這個概括主張，使我們輕視那些在認知技能程度裡確已存在的顯著差異，轉而支持這個晦暗不明、沒有效果的人格特質和人際關係型態。這就好比去否定盤尼西林的價值，在沒有明確證據支持下，改用人蔘來取代一樣。

沒有任何人格特質和人際關係型態可以成爲卓越績效的理由。但是，由於以這兩種特質爲基礎的各種高知名度的理論快速蔓延，這使得公司在雇用和昇遷員工時，仍持續被它們嚴重影響。

杜拉克對以個人作風爲基礎的領導理論十分不以爲然。他指出，在過去以人格爲主的領導力和成功之間是有些關連，因爲主管爲了推行公司策略，要求員工有效完成工作，必須扮演啦啦隊長或激勵人心的角色。但是時代已經不同了。「執行長必須提出一個清晰見解，正該是公司往前走或往後退的時候了，」杜拉克這樣說，「還有在這一刻需要捨棄一些事。」未來的領袖不可能再靠著個人魅力去領導一家公司。他必須做出全面的思考，從而使員工更有生產力和高效能。因此，人格和魅力型態已不再像過去那樣，具有高度相關性了。

柯林斯更進一步警告說，如果領導者仍然是一位魅力型人物時，就必然無法給企業成功帶來任何助益，反而會造成傷害。相對的，柯林斯認爲最好的領導者，都是沉著、保守或甚至是小心翼翼的。「這些領導者擁有一個自相矛盾的混合體，兼具謙沖爲懷的個性和專業的企業願景。他們比較像美國總統林肯和哲學家蘇格拉底，而不是巴頓將軍和凱撒大帝。」

目前還是有許多經營管理理論繼續強調一些不相關的特質，像是親切、同情心和樂觀心態是引起大眾共鳴的主要因素，藉此激勵員工齊心協力邁向目標。但柯林斯表示「偉大」的公司領導者永遠都不會把焦點集中在引起別人共鳴和激勵人心上面。他們反而是一群擁有準則性思考及行動，把激勵手段用在自己身上的人。美國線上執行長米勒作出以下解釋：

「我不像那些魅力型領袖，只憑個人魅力去要求員工。我會要求員工眞正了解我所說的話。我十分喜歡員工能接受我個人觀點，把它變成他們的看法，因爲這對我來說無疑是一個成功標誌。而且如果員工了解到並不只是幫我提出的計畫背書而已，那麼，他們也必定會把它口耳相傳，全力以赴。」

換句話說，追求大家認同的目標，是激勵員工和維繫他們承諾的最有效方法。主管個人魅力在溝通目標上則較爲次要：唯有先弄清楚創新方案背後的眞正想法，才能激勵員工在工作崗位上熱情參與投入。如果沒有清晰思考，只憑交際行爲上的會心微笑或和煦暖意，是無法長久持續激勵人心的。艾琳就此進一步說明：

「作爲一位領導者，當你來到一個新環境時，魅力是可以很有效，因爲一般人都會受到第一印象的深刻影響。所以如果你魅力非凡，就有助你建立工作團隊的信心。不過，根據我個人經驗，只有確認事情的本質，而非魅力風格，才是鼓舞人心最有效的辦法，如果沒有良好判斷，魅力便將無法維繫這個信心。目前商業市場也正傳來一些好消息，那就是從美國恩隆能源公司到世界通訊公司的土崩瓦解，證實了確認事情本質比魅力更重要。」

契爾茲更對以上這個問題做出總結：

「魅力、親切、同情心——擁有這些特質眞好。它們本質也不壞，更沒有什麼缺點。事實上它們都是美好的事物。但是如果沒有把事情弄清楚，得到正確答案，你散發這些特質就不見得有什麼好處。

如果你問我『你希望自己擁有什麼人格特質？』我會說『我想成爲一個有魅力的人。』不過，我要做的第一件事是要把事情弄清楚，得到正確答案——又或者是知道如何找出正確答案。這通常都有個竅門，也是你必須擁有的主要特質。而且也顯示出你無須是一位有魅力的人，或必須擁有其他特別人格特質。如果你正引領員工走出谷底，你有多少魅力都無關重要。再說我們也認爲不少魅力型和惹人喜愛的領導者，也確實能做到以上這一點。」

雖然管理專家和企業領導者同樣宣稱「敏銳的準則式思考」是明星主管績效表現的主要特質，但是它卻很少成爲評量主管績效表現的工具。反而取而代之的是我們繼續接受以人格或作風爲主的評量方法。而造成這個問題遍布整個主管績效評估領域的原因，是在於人們以爲這些特質之間的差異，須爲績效表現的好壞負上直接責任，可是以上這些特質卻對績效評估沒什麼相關。

第九章摘要

◎沒有任何研究報告指出，情緒智商能夠超越其他沿用已久的測量方法，成爲一個預測工作績效更有意義的工具。

◎那些被廣泛引用爲情緒智商指標的各種行爲，長期以來都被看作爲個人特質。

◎人格類型絕不可能成爲智商指標。

◎在預測工作績效表現時，採用認知技能測驗的準確度，已證實比人格評估高出近十倍。

◎魅力領袖運動，在一九九〇年代後期的影響力達到高峰，它也是一種以個人人格和作風爲主的理論。

◎魅力型領袖通常會給企業生存造成嚴重威脅，因爲他們常常會不惜以犧牲做出正確決策爲代價，處處力求表現出自己絕對正確和果斷英明的一面。

◎人格並不是明星天才人物的區別器。個人擁有清晰思考或智商的內涵才是決定他們領導成功與否的決定性因素。

10

間接 vs. 直接

評估工具的直接度決定了準確度

不斷有各種評估工具大量出現，
又不斷有其他更新的評估工具蓋過它們。
這些評估工具的主事者犯了同樣錯誤，
都是拿間接的評估工具
來衡量受試者的績效表現。
這就像只相信火災警報器的鳴聲
而不去管廚房是否真的冒煙，
也就像只看小孩臉紅紅的就判斷他發燒
而不去拿溫度計一樣。
我們需要的是直接的評估工具。

除了情緒智商、魅力領導，或者以性格來評估績效的擁護者之外，還有其他心理學家也過分強調與經營績效關係薄弱的其他特質。事實上，心理學家依據各種領導力理論，設計出種種評量工具對外銷售。後來整個情況變得十分混亂，因爲這些被行銷包裝的評量工具都有令人印象深刻的統計數據，支持著它們與績效評估之間的相關性。不過正如任何一位有經驗的主管都會告訴你，這些評估方法都無法達到它們宣稱的效果，隨著下一波新領導理論流行，它們就會被自然淘汰。

史提芬・卡夫曼（Stephen Kaufman）詳述他不斷痛斥「下一波偉大理論」的經驗。在他擔任美國艾睿電子公司（Arrow Electronics）執行長長達十四年的生涯裡，他把公司市場資本額由四千萬增加到四十億，成爲全世界最大的電子經銷商，平均每年銷售額高達一百一十億美元。目前卡夫曼爲哈佛商學院資深講師，他警告所有學生不要屈服於那些經營管理理論永不止息的循環周期，及其有關發展趨勢的不實承諾。

「上課時我會列舉在我職業生涯中曾經流行過的二十個主要理論；我可以告訴你它們是在什麼時候出現。它們大都長得同一個樣子。有的只是發現到小小的模型，就自稱爲『畫時代的大發現』，然後人人趨之若鶩。

但是它們大概只有十八個月的壽命，因爲屆時已出現了另一個能邁向偉大領導力的新理論。而每個理論總是以三個英文字母的縮寫命名，過不久它們便成爲字母濃湯，混雜著一堆令人大腦麻木的字母罷了。」

雖然大量供應這些評估工具的主事者不是故意要誤導我們，但是他們卻犯了同樣錯誤：即誤解了績效表現直接和間接評估工具之間的差異。直到我們了解這個事實之前，這些經營管理理論的旋轉門還是會持續下去。

這種差異是很容易解釋的。試想一下能顯示出發生火災的「直接指標」：即高溫和濃煙。如果你試圖只根據警報器所發出的聲音，而不是根據高溫和濃煙去判斷發生火災時，那麼你可能會很容易出錯。因爲警報器只不過是一個「間接指標」，它發出警報，可能不完全與火災有關，其他像是警報器故障等因素都會使鈴聲大作。相對的，高溫和濃煙才是最直接的火災指標。

這種情況也會同樣發生在經營管理科學上。許多心理學家評估績效表現，都是用一些間接的評量工具，所以十分危險且容易出錯。過不久，這些評量工具的不準確性就無可避免的暴露出來，而且取代它們的評量工具也都被相同問題所苦：它們評估績效的依據，也是間接的，而不是最直接的，這也決定了它們跟過去那些理論同樣遭到潰敗。

知名研究學者斯克里文也確認在一九九〇年代教育學者爭相發表各種教學型態的期間，也曾出現過這種拙劣的做法。

研究結果顯示，老師的人際關係作風（例如與學生眼神接觸或微笑的頻率高低）和學生學習程度的優劣有關。結果便造成老師教學開始強調以上這些行爲。老師被鼓勵去增加與學生的眼神接觸或常保持微笑，採取各種溫情行爲。

但傷害隨之而來。評估者被告知在教學作風和學生學習之間的關連性，於是當他們評估老師績效表現時，就側重在這些行爲上面。這種情況便有點像火災警報器的例子那樣，評估者只聽警報器，而不是依賴其他更能確認學生學習程度的直接評量工具，像是數學或閱讀能力測驗等。當評估老師績效表現也納入以上這個間接標準時，如眼神接觸或保持微笑，它們便不必要的削弱了評量結果的準確性。

這就好比是在湯中放進許多食材配料一樣；一下子就無法弄清楚主要材料到底是牛肉、雞鴨肉、或蔬菜。因此，如果有人問你這是什麼湯時，你就很難回答。這種讓事實變得模糊的情況，同樣會發生在以直接評量工具來評估績效表現，同時又混雜其他間接評量工具。因此造成幾乎不太可能得到準確的評估結果。

再者，評估老師績效表現同時納入間接評量工具，通常都會造成不必要的評估誤差。許多有能力的老師被不公平地冠上「不符期望」教學風格的惡名，而其他能力不佳的老師卻贏得不當的掌聲。

不管老師作風如何，如果學生在學習上持續有優異表現，而學習態度又主動積極時，相信沒有哪位合宜的評估者會認爲這位老師無能。只有學生成績和學習態度這兩個指標是評估老師績效表現品質的最直接指標。如果加上老師對學生的眼神接觸或常保持微笑，和採取其他標準，就有可能導致評估偏差。而且即使學生學習表現十分出色，還是以有沒有這種特別風格去評估老師時，無疑是侵犯了最基本的評估需求，換句話說，是褻瀆了決定個人績效表現實際價值的神聖職責。

當判斷某個人的技能時，如果已經有些有效的直接評估工具不用，反而要倚賴那些間接指標，就更不值得原諒了。這就好像是你面對小孩發燒時，只以觀察他臉部是否泛紅，而不拿溫度計去量小孩的體溫一樣。溫度計是你想知道小孩是否發燒最直接的工具，而臉部泛紅只是許多事情的間接訊息（像是出疹子、運動過後等），發燒可能是原因之一而已。

雖然在主管評估的領域裡，並沒有一個可供直接測量績效表現的「溫度計」，可是在各個不同評估工具之間，卻有一個引人注目的事情——評估的「直接」程度。「直接」程度的變化差異決定了這些評量工具的評估準確性（通常跟他們自己宣稱的準確度會有所差別）。這些評估工具都會落入一個刻度量表裡，就像探測小孩體溫的溫度計一樣，刻度是由最直接到較間接的程度標示。績效測量的方法愈能以刻度量表的方式來度量，其精確度就愈高。

例如，經理人都必須具有合乎進度需求的能力。如果有人始終都不能符合這個需求，就幾乎不可能成爲明星主管。因此，當評估一位主管所有的優缺點時，合乎進度需求便是一項重要考量。但是你要怎樣去評量經理人是否能合乎進度需求？

最直接的方法包括設計一個表格，針對主管在工作生涯中，按進度如期或無法完成的工作持續進行詳細記錄，並根據工作的重要性予以評估。這樣我們便能很準確的計算出他合符進度要求的百分率。不過，很明顯的這樣的工具並不適用於現今世界，我們必須尋找其他較實用的評估工具。

有一種典型的人格測驗，號稱能夠評估個人是否合符進度要求。這工具會問及個人在工作場所中的喜愛偏好，或當他接到一個自己喜歡的工作時，又會多快就把它完成。雖然這種問題可以發掘出跟個人習慣相關的資訊，但是它在解答是否符合進度要求這問題時，卻是相當間接的評估工具。其實大部分主管的辦公桌都很雜亂，也都可以如期完成工作，同時許多傑出企畫案往往在最後一刻完成，卻也能得到高品質的工作成果。正如你可以從以下的這張量表中看到它們的實際表現一樣，人格測驗只能算是個人績效表現最間接的評估工具。

接下來，「主管評估」領域一個更直接的評估工具便是「能力證明測驗」(demonstrated-ability test)，它要求評估對象爲了按進度如期完成工作，必須先行把各種不同工作加以分類。這個測驗是要評估個人有否能力去區別最優先和次要事項，確認哪些工作可能帶來豐碩成果，又哪些只會給公司惹來麻煩。由於這些技能與個人合符進度要求的能力直接有關，所以能準確預測個人在這方面的能力如何。

至於以人格和作風爲主的評估工具，當它們運用在預測績效表現

評估工具的準確性

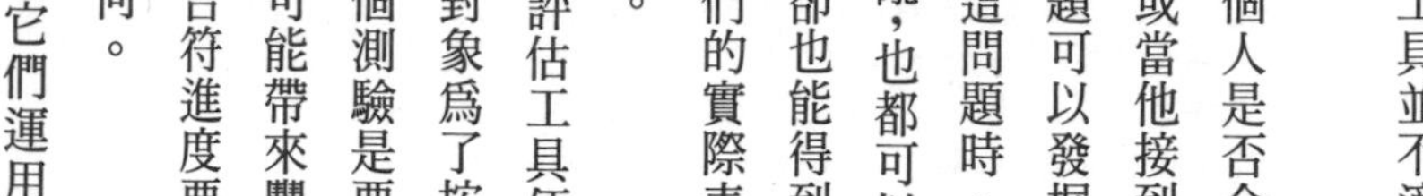

時，就會顯得十分不精確，因爲它們評估主管的行爲，都和他如何實際完成工作沒什麼相關性。這說明了爲什麼這些研究個案在在證明它們是一個十分不可靠的指標。

而提到這些評估工具的危險性，我們以教學作風爲例，若以怪異風格來做爲評估老師的標準，即使這些風格對老師績效表現毫無影響，但懲罰那些不能符合理想「類型」的老師，無疑使這個偏差永遠被轉化成一個不當的偏見，也破壞了評估效果。

例如，如果你要去發掘一位世界級游泳好手，你會讓候選人排列在一起，然後逐一測量他們生理狀況是否合乎預設理想標準，這樣你就能預測他們游泳實力有多少。可是如果就這樣排除那些不符合理想標準的人，實在是很愚蠢的事。因爲人才是很珍貴稀少的，而通常他們都不是那些符合預設標準的人。所以我們必須考慮到多花些時間，多觀察他們在泳池裡的表現，才作出最後結論。

雖說並沒有任何批評認爲間接評估工具本身沒有價值（事實上間接評估工具能提供評估對象的敍述性資料），但是這對企業績效表現而言，它們的評估準確性卻十分薄弱。而任何評估工具（不管是人格、工作作風，或其他）只與某些人如何把工作實際做好有間接關係，這種工具肯定無法成爲績效評估的要角。

一旦我們認知到間接評估工具將永遠都不太準確，那些一度流行卻沒什麼效果的領導理論的旋轉門就會關閉。取而代之的是接下來的主流理論，聚焦在更有力的直接評估工具，像是已經被普遍接受和廣泛使用的「過去行爲面談」評估工具〔Past Behavioral Interview（PB

I)」。

「過去行爲面談」如同它字面上的意義，就是在詢問個人過去完成哪些特定工作的實際經驗。大部分人都十分熟識以下這些面試問題，例如：「你是否曾經碰到在某段時間內，同時有好幾個需要趕進度的專案進行？如果有，你是如何處理這個情況的？」這樣便會促使應徵者立即選擇他過去一些經歷，做出詳細說明。

以上這些面談的評估準確性極高，因爲問題直接切入評估對象完成工作的能力核心。這些「過去行爲面談」模式目前是最被普遍接受爲評估主管的工具，因爲它們本身與評估對象的關係十分直接。由於它們擁有這些優點，從而讓它們成爲一大主流，事實上，「過去行爲面談」也是今日唯一被廣泛使用的方法論，所以我們必須更全面開發這類「過去行爲面談」評估方法。

第十章摘要

◎ 心理學家針對爲數不少的領導理論設計出各種評量工具。但這些評估工具卻犯了同樣錯誤：誤解了績效表現直接和間接評估工具之間的差異。

◎ 評估績效表現的直接工具，通常都比間接工具的準確性高許多。如果放著有效的直接評估工具而不用，反而倚賴那些間接評估指標，就不值得原諒了。

◎ 對企業績效表現而言，以人格和工作作風爲基礎的評估工具，它們的準確性十分薄弱，因爲它們與主管們實際如何把工作做好並沒有多大關係。

◎ 這些「過去行爲面談」模式是目前最被普遍接受爲評估主管的工具，因爲它們本身與評估對象的關係十分直接。

11

「請告訴我們，你做過什麼？」

早期的工作面談型式

早期針對工作面談有效性的研究
顯示出它們價值甚少。
儘管如此，這些早期的量化成果，
卻讓研究工作者得以致力去
發掘更爲可行的其他面談方法。
一個正確的走向就是「過去行爲面談」。
而過去行爲面談這項評估工具的不足，
又讓我們得以提出更多改進的空間。

工作面談的演變

早期針對工作面談有效性的研究顯示出它們價值甚少。甚至第一批研究報告更提議，用丟擲銅板的方式，比面談更能預測某個人的工作表現。

第一個針對面談準確性的研究調查，是比奈在一九一一年負責進行。在他的研究實驗裡，由三位經驗豐富的教師對同樣五位學生進行面談，藉此評估這五位學生的智商。比奈容許每一位教師以他們認為恰當的方法進行面談，雖然所有教師對自己面談結果的準確性充滿自信，但是比奈發現，每位教師個別的結論都與其他兩位教師完全不同。而且比奈很快就了解到，由於對話本身十分自由鬆散，沒有組織，所以即使是由專家主導面談，要用它來評估個人的智商，都是不值得信賴的方法。這使他選擇一個更具標準化的對話型式，供學習智商測驗之用。

同樣的，心理學家華特・迪爾・史考特（Walter Dill Scott）是一位著作甚豐的作家和研究工作者，後來更成為美國西北大學校長，他針對徵選員工的面談準確性，展開一個早期的研究調查。一九一五年史考特發表一篇研究報告，報告中共有六位人事主管和三十六位應徵業務員工作的人士。值得關注的是，這些人事主管幾乎沒有共同一致的看法，認為哪個應徵者最有可能被錄取。更糟的是，這些人事主管對某位應徵者應擇為優先錄取或者不予錄用，也有高達百分之七十七的差異。這對史考特來說，無疑是個不容忽視的警訊，因爲這些被認爲是面談專家的人事部主管，甚至無法對應徵者的高低標準取得共識。

及後有一些研究報告也證實了史考特對面談準確性的關切。其中一個最知名的報告是來自英國倫敦大學研究生艾格伯特·麥格遜（Egbert H.Magson）。他是知名心理學研究和統計學者查理士·斯皮爾曼（Charles Spearman）的得意門生，而斯皮爾曼所提出的「一般智商」（General Intelligence），或稱爲「G」的智商理論，更是名聞遐邇。

一九一四年，麥格遜在斯皮爾曼的指導下進行「個人面談」的價值研究。他成爲第一個針對這議題進行大規模實驗研究的科學家。麥格遜強調從研究中發現的重要性，他說，「一個人的銷售能力、說服他人接受新觀點或主張的能力，或是他在工作生涯中各種不同職務裡與他人和諧相處的能力，主要是看這個人對他人的權力、才幹以及性格特質的預測能力。」自從個人面談很明顯的已成爲職場裡最普遍使用的判斷工具，麥格遜也感覺到對其準確性有更好的理解是必須的。

而從一九一四年到一九二〇年代初期，麥格遜便同時成立四到五個研究小組，針對一百四十九位學生進行評估「智商、幽默感、愉悅、敏銳度和謙卑等方面」的面談。至於挑選以上這些特質，原因是麥格遜認爲它們對個人生命和工作成功與否相當重要。他同時也針對每位學生進行了智力測驗，並請來他非常熟悉、而且每天接觸這些個人爲期至少達一年時間的人，來對每位受訪者這些特質進行測試與評等。

結果顯示在面談評估和第三者資訊（即智商測驗和參考資料）之間的一致性平均只有百分之二。換句話說，面談結果和其他被認爲是更客觀和可信賴的管道只有極小關連。麥格遜爲此作出總結說，這些面談評比很難稱得上「準確」，也同時對面談竟被廣泛運用，成爲評估應徵者工作能力的有效工具，更表示高度懷疑。

到了一九四二年，不少證據皆在在顯示出工作面談的不準確性，導致知名心理學家出面呼籲在評估應徵者時必須取消面談這項評估工具。其中一位在這個領域極富盛名的心理學家汪德利克（E. F. Wonderlic）便做出以下說明：「就程序上來說，面談本身無助於獲得事實根據；而在面談中取得所有重要資訊，也必須被某個其他方法加以確認，如審視這些參考資料、做有關信用調查，和其他必要調查等。所以，面談並不是一個評估勞動力或工作技能的好策略，也無法對發掘應徵者潛在特質有所幫助。」

正如下圖所顯示，那些早期個人面談的實施，幾乎不能說明個人的績效表現如何。然而，這些早期的量化成果，卻讓研究工作者得以致力去發掘更爲可行的其他面談方法。

早期實施個人面談的評估準確性

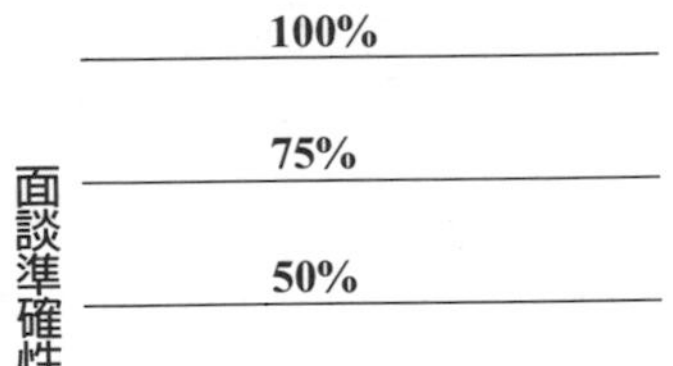

早期實施面談的準確性
只有百分之二到三

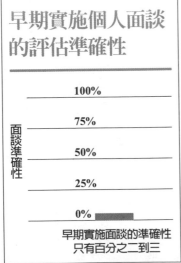

邁向正確方向

一九四五年美國加州大學柏克萊分校心理學教授愛德華・吉塞力（Edwin Ghiselli）與金融服務業合作，幫助它們改善招募工作的品質。他第一步就先去確認業務經理爲求成功必須完成哪些重點作爲。他找出來的包括：良好的表達能力與溝通能力、熱愛工作與令人感動的工作倫理、對財務決策正確的判斷力等。在接下來超過二十年的歲月裡，他訪問了五百零七位準雇員。他問及他們的教育程度，然後再問到他們過去的工作經驗。針對每一個主題，他都會問一些有關他們職責和描述他們績效表現的問題。吉塞力始終都根本沒問他們所謂個人特質的問題。相對的，五百多人次的面談只集中在受訪者過去工作經驗，直接和他希望成爲一位業務主管有關的作爲。

吉塞力用「五等分量表」（5-point scale）來評量每一位應徵者的面談結果。然後在應徵者進入該公司工作滿三年後，再將他三年前的面談評比報告與他三年來在公司的成功表現加以比對。結果顯示這項研究的意義十分重大，因爲吉塞力所規劃的預測績效表現的面談方法，具有相當高的準確性。

吉塞力這項研究工作，可說是「過去行爲面談」評估工具的起源。一九六六年吉塞力發表有關這個新面談方法論的文章，及後他的方法被許多經營管理學者和企業家所採用。

直到一九八〇年代，許多研究報告也紛紛指出「過去行爲面談」是一項最有效的評估工具，在績效評等上的變異數約爲百分之二十五到三十。這些數據突顯出一項值得注意的成就：「過去行爲面談」評估工具的評估準確性是早期工作面談的十倍多。這使得長久以來面談模式是否可以準確預測績效表現的爭議，終於塵埃落地。

而在一九八九年，美國康乃爾大學心理學家羅伯・艾德（Robert Eder），德州農工大學麥可・卡克馬爾（Michael Kacmar）和伊利諾大學香檳分校傑魯得・費瑞斯（Gerald Ferris）共同發表了一份當代工作面談研究調查摘要，報告中有關「過去行爲面談」評估工具有效性的最新研究發現是「或許長達一個世紀追求一個更具標準化的面談模式總算大功告成了」。

到了一九九〇年代，「過去行爲面談」已成爲主要的主管評估工具，我們對此不感驚訝，因爲這個工具已對早期面談型式作出重大改善。即使在今日，「過去行爲面談」也成爲各行業主管評估工具的主要標準。不過這個方法論和過去早期的方法一樣，還不能稱得上是「畫時代的重大發現」，它還無法達到自己所宣稱的效果。

「過去行爲面談」方法的評估準確性

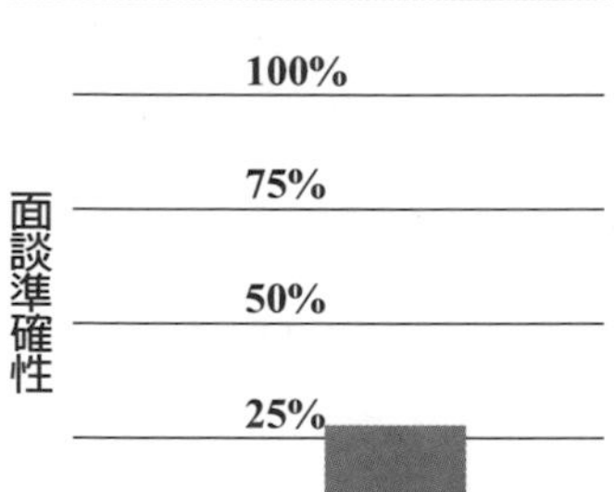

「過去行為面談」的準確性
約百分之二十五到三十

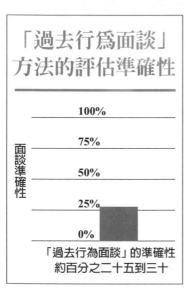

「過去行為面談」的侷限

在過去二十年間，「過去行為面談」評估工具已被視為最好的主管評估工具。今日各大主要評估機構都運用它們去評量受訪者一切的優缺點。不過把「過去行為面談」視為全方位的評估工具，未免有點過了頭。就像任何個人評估工具一樣，「過去行為面談」絕對不是最完美的；它還是有些侷限。

儘管研究報告證明「過去行為面談」是最有力的評估工具，但是報告中同時也指出這些面談無法解釋不同人之間在績效表現上的重大差異。而一個完美的評估工具應該能夠針對因人而異的績效表現差異做出解析，可是目前根本就沒有這種工具存在，連「過去行為面談」也做不到這一點。對任何評估工具來說，人類這種動物何其複雜，實在是很難去詳細解釋人與人之間一切的差異。

「過去行為面談」的研究只能顯示出人與人之間在績效表現上百分之二十五的變異數，這樣的數值比例可能低了些，但事實上它還是令人印象相當深刻。同時它也證明約有四分之一的績效表現差異是可以解釋其因素的。因此，「過去行為面談」留下了重大的改善空間。為了了解如何改善或補強，必須檢定它實際的評估範圍，更重要的是又有哪些是它沒有觸及到的。藉著這樣做，我們才可以明白到它不完美的地方在哪裡。

第十一章摘要

◎早期研究報告顯示「工作面談」對預測工作績效的價值甚少。

◎「過去行爲面談」評估工具（PBI）是第一個最值得信賴的工作面談型式，也被普遍運用在今日所有主管的績效評估上。

◎即使「過去行爲面談」評估工具已被廣泛接受爲最好的主管評估工具，但是這個評估個人績效的方法論，還是有些侷限——只能顯示出不同人之間在績效表現上百分之二十五的變異數。

◎雖然「過去行爲面談」代表早期面談工具一項顯著的重大進步，可是它還不能稱得上是畫時代的重大發現，還達不到自行宣稱的重大效果。

12
機會只有一半

「過去行爲面談」的盲點

傳統面談是一種「展示與說明」的行爲。
應徵者爲了得到這份工作，
把焦點全力集中在自己最好的工作經驗上。
這創造出一個「人爲的精心傑作」。
不論你多麼努力投入這次面談，
也不論你多努力去審視應徵者所提供的資料，
但是你能否得到一位好員工，
成功機會也只有一半而已——
這是一個多麼可怕的勝算機率。

「過去行爲面談」的神祕面紗

經過八十年時間的探究，管理科學家終於發現了一個可以準確預測主管績效表現的面談方法論，而且也被企業界廣泛大量使用。在今日評估主管績效表現的世界裡，「過去行爲面談」這項評估工具被吹捧爲一個獨一無二、全面性的過程，可以清晰提供某個人（甚至每個人）的優缺點，也可以預測他的領導能力。

雖然「過去行爲面談」已幾乎普遍成爲主管績效的主要評估工具，但是對這項工具實際在評估的重點，卻存在一個根本的誤解。

這就好比是早期發現檸檬汁能有效預防壞血病的故事一樣。壞血病是數百年來造成水手死亡的主要原因之一。一七四〇年英國海軍上將喬治・安遜（George A. Anson）和他的蘇格蘭海軍外科醫師詹姆士・林特（James Lind）率領一隊由六艘船艦與一千九百五十五名海軍組成的艦隊在全球巡弋。航程近尾聲時，有一千零五十一位海軍死亡，幾乎都死於壞血病。之後，林特博士開始探尋治療方法，一七四七年他終於發現檸檬汁可以有效殺死壞血病菌。這項治療措施一直持續到一七九五年，英國海軍總部都必須提供全體海軍檸檬汁，作爲日常飲用。

雖然檸檬汁確實能有效治療壞血病，但是直到一九三二年，它眞正原因尚無法得知，及後我們才知道原來是因爲檸檬汁含有抗壞血酸（即維他命C）。一旦科學家了解到這個治療方法如此有效的眞正原因之後，便著手研究合成這種維他命，再大量生產。最後，壞血病終被歸類成最容易治療、而且是可預防的疾病。

「過去行爲面談」也有著同樣不可思議的地方。大家都認爲這面談工具可以有效預測績效表現，不過我們卻也不清楚它爲什麼有效。正因爲這種不了解，導致用它來評估時可能會產生巨大的評估差異，甚至也造成大部分企業管理階層嚴重缺乏主管智商。直到能清楚掌握「過去行爲面談」可以評估又不能評估哪些事物之前，我們永遠都無法了解它的侷限性，也就沒有能力去克服這項缺陷。更重要的是，只要我們還深信「過去行爲面談」能夠提供有效實用的評估，就無法完全了解主管智商這個重大角色。

管理科學就像其他任何科學領域探究一樣，是持續不斷演化的。今日我們知道認爲是「正確」的事，和五十年前我們所了解的完全不同，甚至和五十年後我們發現的也會不太一樣。史丹福大學生物化學教授和諾貝爾得主保羅・伯格（Paul Berg）就指出：「科學發展往往是斷續的，有時很快，有時很慢。有些事情的發生是你無法預期的。這一切都會給我們帶來驚喜，因爲科學是生氣蓬勃，活力十足的。」

在「過去行爲面談」中也存在一項令人訝異的事：它們竟然無法正確評估那些自己曾經聲稱可以評估的事物。

以上這句話，幾乎是在褻瀆那些完全依賴這個方法論的企業界，對他們不敬，可是這句話說的卻是千眞萬確。而這個有關「過去行爲面談」過去不曾被確認過的本質問題，主要原因是受訪者在這項評估工具上的績效表現，和他目前工作績效表現之間常常出現落差。而這也是爲什麼這個評估工具只能解釋百分之二十五到三十的個人差異，而不是百分之六十五到七十。

透過運用各種面談問題，「過去行爲面談」理論上應該是要去評估受訪者在特別活動上的績效表現，我們稱之爲「能力」。這些能力包括策略發展、解決衝突，和對別人敏感度等類別。通常人力資源經理都普遍認爲，藉著詢問這些能力相關問題，也一定適用於特定職位上，同時更能完全掌握了解一位主管相關技能。而那些推廣「過去行爲面談」評估工具的人也認爲事實本該如此。於是評估者便視「過去行爲面談」爲全面性的評估工具，因爲他們深切認爲透過它就可以肯定得知應徵者的所有優缺點。

如果這是正確的話——假使「過去行爲面談」可以評估成功績效所有的要素——你自然會期待它必然是一個評估工作績效最有力的工具。例如，智商測驗本來只是針對某個績效表現而設計：即個人智商。然而，到目前還沒有任何研究報告指出用「過去行爲面談」來預測工作績效表現，會比用智商測驗來預測更準確。這可令人驚訝了。

一九九二年，美國佛羅里達州立大學教授莫托韋羅和他的研究夥伴，就這項議題進行深入研究。他們針對超過五百位企管和行銷工作應徵者的三個研究個案，全面展開調查分析，結果發現經由「過去行爲面談」這個評估工具的得分，和實際工作績效評比之間的相關性，只有零點二二。

我們將以上這項研究分析，與二〇〇三年美國聖地牙哥州立大學教授芝薩斯・沙加度（Jesus Salgado）等人的研究報告加以比較。據後者研究結果顯示，針對七百八十三位經理人進行調查分析，發現經由智商測驗的得分，和實際工作績效評比之間的相關性，只有零點二五。因此，前後兩項研究結果眞的沒什麼差異。而且它們也與其他無數以這項評估方法論爲主的獨立研究個案完全一致。

這結果也衍生出另一項問題：如果「過去行爲面談」是評量特定工作必須擁有的所有技能，那爲什麼它們與工作績效表現的相關性卻無法高過智商測驗？

我們必須再次強調，答案就是因爲「過去行爲面談」其實根本無法評估出自己聲稱可以評估的事物。例如，我們看看下面兩個有關「過去行爲面談」的問題。第一個問題是：「你過去待過的公司或部門的策略方向爲何？而當時你又採取了哪些行動？」這個問題是針對評估個人策略發展績效表現而設計的。而第二個問題是：「請你描述一下過去如何與一位麻煩的同事互動，你如何處理你的人際關係？」這個問題則是要評估個人解決衝突的能力。

令人感到驚訝的是，第二個問題的評分，可以準確預測第一個問題的表現；運用第一個問題的評分，也同樣可以預測在第二個問題發生時的表現。這並不是這兩個能力問題之間的單一例子。同樣情況也適用於任何有關能力的問題上：任何一個問題都可以準確預測任何另一個問題。而每個這方面的研究報告，也都獲得相同結論。

〔註：這個發現是一九九二年莫托韋羅教授等人在「過去行爲面談」有效性的研究報告中提出。首先他們檢視面談中十七項不同能力之間的相關性，然後由應徵者的主管再行檢視，結果發現他們列出來的面談問題並無法證明眞的可以實際評估自己所設定要檢測的能力。一九九九年，美國西東大學教授詹姆士・康威（James Conway）和吉娜・皮諾勞（Gina Peneno）就這個問題對一百七十五位應徵者運用「過去行爲面談」做進一步研究。他們同樣也發現沒有任何證據指出這些問題能夠切入他們鎖定的能力評估上。相同發現也再一次出現在美國布萊德利大學教授亞倫・賀夫肯特（Allen Huffcutt）等人所發表的文章上，其中共整理出四十七個有關這問題的不同研究報告。〕

下一頁的圖表，是將面談中各種能力問題的預期成果和實際成果作出比較。圖表中顯示出一個令人困惑的結果，用運動比喻來說明，就不難理解。如果你想準確判斷某個人游泳游多快，你可以從他開始游泳到結束那一刻做計時動作。如果你希望找出某個人會跳多高，你可以就他實地跳多高加以量度。不過，沒有人會特別主張說，你可以合理地用他跳多高來準確預測他能游多快，也沒有人會合理地認爲你可以用他游多快來準確預測他跳多高。而這就是「過去行爲面談」評估工具本身所面臨到的問題。

運用這個評估工具，根據應徵者在面談中任何其他能力的評分，就可以準確評估應徵者在某方面的能力如何。很明顯的，一定有某些動力程式是所有能力所共有的，而它們才是「過

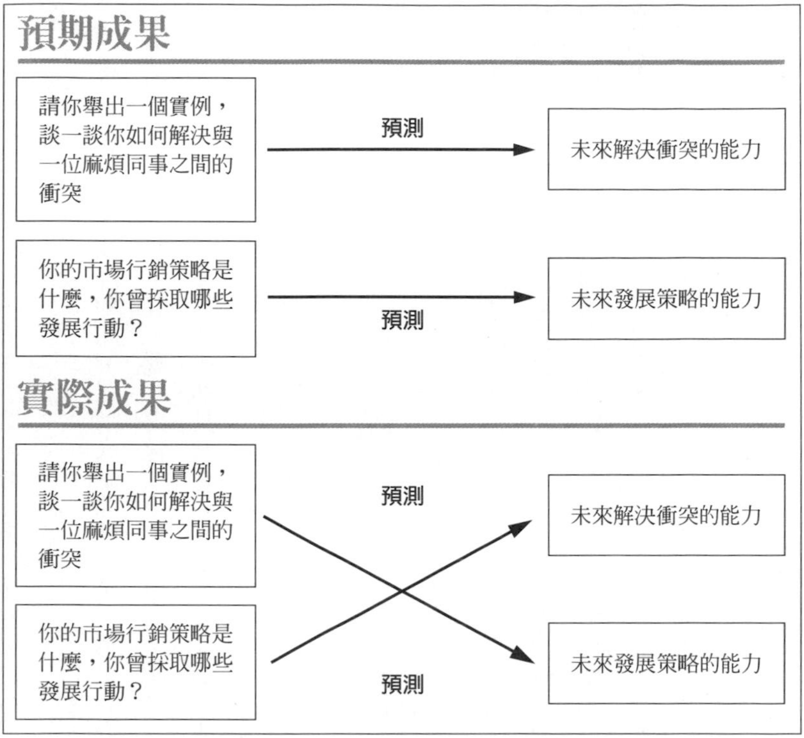

去行爲面談」評估工具必須評估的主角。

例如，在跳高和游泳這個案例之中，一個共同的動力程式便可能是「腳力」。它會影響你在泳池中的速度，也會影響你在跳高時會跳多高。換句話說，「過去行爲面談」就必須去評估這些「腳力」，也就是一個超越所有能力的動力程式，它才是這個工具必須評估的核心。由於除了腳力以外，尚有其他因素將決定個人的游泳速度跟跳躍高度（例如臂力、耐力等），所以可能還有其他工作成功的動力程式，是被「過去行爲面談」所完全忽略的。

現在我們就要揭開隱藏在這個評估工具背後的神祕面紗，藉此呈現出應徵者最完整的面貌。

看到這兒，你或許會問，這到底是怎麼回事？難道「過去行爲面談」已不再成爲績效表現最值得信賴的評估工具了嗎？這當然不是。但是，如果我們不去了解這個評估工具有哪些侷限，我們也將永遠都無法得到具有更高評估準確性的評估工具。

「過去行爲面談」實際評量的是哪些？

什麼是「過去行爲面談」的神祕面紗？二〇〇二年美國聖地牙哥州立大學教授沙加度和西爾維婭・莫斯柯索（Silvia Moscoso）進行大規模的研究分析，最後卻發現，每一個「過去行爲面談」所提出的問題，不論它想要問的主題是什麼，都是那麼難以區分。綜合幾百個相關的獨立研究成果，他們發現，不論原先設定要探討的主題是什麼，個人在回答「過去行爲面談」中任何問題的表現，其實是被以下三種事物所支配：經驗、工作知識和社交技能。如下一頁圖所顯示。

如同「腳力」被認定爲各種運動選手表現的決定性因素一樣，「經驗」、「工作知識」和「社

「過去行爲面談」實際評量的是什麼？

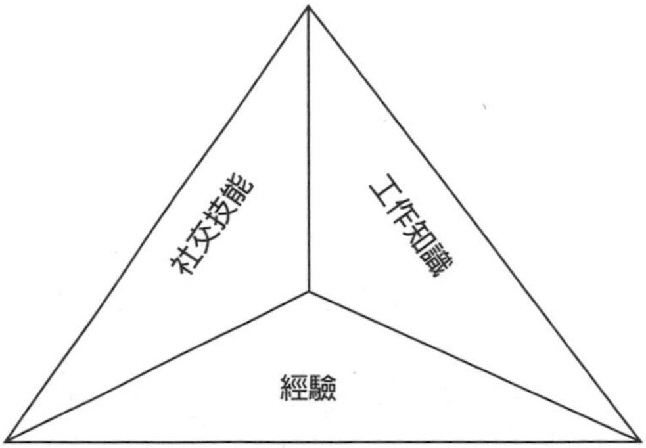

以上三大動力程式決定了個人有否能力回答「過去行爲面談」中的任何問題

交技能」等動力程式，是決定個人在各方面能力表現如何的主要關鍵。現在讓我們來檢測爲什麼這三個動力程式在「過去行爲面談」得到高分一事上，能扮演著這樣一個重要角色。

在進行典型的「過去行爲面談」時，應徵者都會被問到一些問題，要求他們詳述自己過去的經驗，與目前所應徵的工作所需能力的相關性。例如，他們會被問及一連串自己在經營管理上的陳年舊事。而每一位應徵者都會使盡全力突顯出自己最討人喜歡的一面，所以他們會說出自己過去最好、最出色的案例。於是在社會工作很長一段時間的人，往往就擁有相當多的經驗，可以讓他們選擇和詳述特別令人印象深刻的故事。基於這個原因，「經驗」本身就擁有十分巨大的影響力，讓個人能夠好好回答「過去行爲面談」中的各種問題。事實上，沙加度發現，「高年資工作者」在「過去行爲面談」成績上，具有壓倒性的優勢

（相關性高達零點七一）。

還有什麼因素決定了應徵者可以對「過去行爲面談」各種問題回答得很好？我們知道應徵者的回答，是根據學有所長、經驗豐富的專家們所訂下的標準答案來評等。如果應徵者想回答出「理想答案」，他們就必須選擇自己過去實例去證明自己有這方面的實力。因此，「工作知識」，特別是十分嫻熟這個行業和經營管理實務，對於應徵者在回答問題時，能突顯出自己得到高分，具有重大影響。正如沙加度指出，擁有大量豐富產業實務知識與「過去行爲面談」成績有著高度相關性（達零點五三），對此我們實在無須驚訝。

應徵者爲了在面談中有好表現，必須具備另一個特性。他必須展現積極進取、討人歡喜的態度與面談主持人進行良好的互動。換句話說，在這種面對面的評估面談中，具備有力的「社交技能」就能獲得明顯優勢。同樣的，社交技能在「過去行爲面談」成績上也扮演一個重大角色（相關性高達零點六五）。

經驗、工作知識和社交技能——這些因素決定了個人在回答「過去行爲面談」時，不管是涉及某個主題或能力的各種問題，都有十分良好的表現。毫無疑問的這些動力程式是任何一位主管都必須具備的，而讓「過去行爲面談」更具預測準確性，是在於面談時都不斷在反覆評估以上這些基本特性。但即便如此，當談論的重點成爲辨識明星人才的時候，這三項因素所能帶給我們的，頂多也不過如此罷了。正如美國線上執行長米勒作出以下解釋：

「作爲一位與許多各有專長的應徵者進行面談的人，我秉持一個原則，如果你在這個行業待了一些時日，工作績效良好、這大概意味著你的自我表現也很好，也具有豐富企業知識的基礎，更顯示出你擁有一個好的故事。但是以上這一切還不足以讓你判斷這個人能否在你的公司表現出色。這些應徵者在過去都有機會去發展屬於他們自己的故事，在未來也必然如此，我們有很長的一段時間也會學習這麼做。所以現在光憑某些人把他們自己的故事說得多棒是不夠的。」

米勒了解到「過去行爲面談」所能提供的資訊有其侷限。雖然他承認它們的實際價值，特別是在建立應徵者最起碼的學經歷上，但是他也指出它們只能不完整地提供了一個跟個人能力有關的理解而已。

例如，以經驗來說，它在「過去行爲面談」中支配了個人的績效表現。很明顯的，經驗十分重要：過去曾經做過的事，當你嘗試再去做一次的時候，無疑會對你大有幫助。但是經驗並不是偉大領袖唯一標誌。明星領導者所做的事情，正確的通常都遠多於錯誤的，換句話說，他們的成功率遠高於其失敗率，特別是和同儕比較。雖然經驗會有助益，可是我們都知道「經驗豐富的」主管往往都不是明星人物。所以只憑經驗很顯然是不夠的。

至於在工作知識方面，也存在相同問題。雖然它對任何一位經理人都是一項有用的特性，但只憑工作知識並無法讓人獲得成功。這好比有二位外科醫師接受同樣專業訓練，也一樣對某項高難度的外科手術程序十分嫻熟，但可能只有其中一位醫師能持續獲得傑出的成果。這意味著有些外科醫師技術造詣更精通熟練，即使他們的知識和同儕完全相同。擁有最好的工作知識是不夠的；主管如何有技巧的運用自己的知識，才是決定了他能否超越同儕表現的關鍵。

社交技能毫無疑問的對個人魅力表現有著重大影響；它對任何一位經理人來說都十分重要。不過它對個人決策品質卻沒有任何實際幫助。你知道有多少討人喜歡的個人，本身卻沒有強大的智慧動力，足以使他們成為一位明星領袖。社交技能只是有一些相關性，無法讓某人成為偉大的主管。「教會暨杜懷特國際製造商」執行長戴維斯說明：

「傳統面談過程是一種『展示與說明』的行為。應徵者為了得到這份工作，便會把焦點全力集中在自己最好的工作經驗上。這創造出一個人為的精心傑作。不論你多麼努力投入這次面談，也不論你多努力去審視應徵者所提供的資料，但是你能否得到一位好員工，成功機會也只有一半而已——這是一個多麼可怕的勝算機率。」

正如戴維斯指出，不論你如何把這項面談處理得多好，還是缺乏可預測主管成敗的重要依據。那麼，這些重要依據到底是什麼？

「過去行為面談」仍然是評量績效表現三大動力程式最好的方法，它們分別是經驗、工作知識和社交技能。由於我們已知在面談中實際評估的其實就是這三大動力程式，因此也就無須再運用其他更詳盡的問題去細究每項能力，我們只需問些足夠問題，便能得到有關應徵者經驗、工作知識和社交技能等方面可靠的評價。除此以外，不管「過去行爲面談」增加哪些實質內容，都不太可能使其評估準確率達到百分百。

由於招募經理被告知「過去行爲面談」可以評估某項職位所需的一切技能，所以他們便把這些面談變爲沉重負擔。今日主管都必須忍耐馬拉松式的「過去行爲面談」，因爲面談時間動輒耗費好幾個小時。而應徵者必須就他們自己專業經驗，提出數之不盡的詳盡描述，逐一示範他們自認爲最有價值的各項才能，如何把相關管理工作做得更好。雖然這些面談都能帶來個人大量的軼事祕聞，但是花了這麼多時間還是無法讓評估的準確度改善到百分之百。事實上，即使花上更多時間，也永遠都不會使「過去行爲面談」更完美。它充其量只能揭露、提供部分資訊而已。

雖然這個評估工具有其效益，但它本身卻存在著一種令人吃驚的缺陷。因爲它們竟然完全沒有去評量主管績效表現最重要的神經中樞：智商。智商應該是一項非常重要的核心特質才對。

部分研究報告也肯定了這個合理懷疑。其中最具權威性的大規模研究報告是由美國布萊德利大學教授賀夫肯特、克雷蒙森大學教授菲利普・羅斯（Philip Roth）和艾克隆大學教授麥丹尼爾等人在一九九六年共同發表。他們針對四十九個研究個案進行統計數據分析，結果他們發現「過去行爲面談」和「智商測驗」之間只有百分之三的重疊率。

這和另一個有關這方面的大規模研究不謀而合，該報告是由教授沙加度和西爾維婭在二〇〇二年發表。他們把二十二個在歐洲聯盟進行，應徵總人數高達三千名的研究個案的數據加以整合分析，最後他們發現「智商測驗」和「過去行爲面談」之間的重疊率只有百分之四，這幾乎和前面賀夫肯特及他的研究夥伴所提出的數據完全相同。

請參看下面的圖表，這是一個十分嚴重的問題。因爲認知技能（或智商）早已證實爲經營管理是否成功最有力的預測器。但這個被廣爲運用的主管績效表現評估方法（即過去行爲面談），竟然完全沒有把它納入測量範圍。爲什麼會發生如此令人吃驚的重大疏忽？其原因在於「過去行爲面談」被認爲

「過去行爲面談」和「智商測驗」之間的重疊率

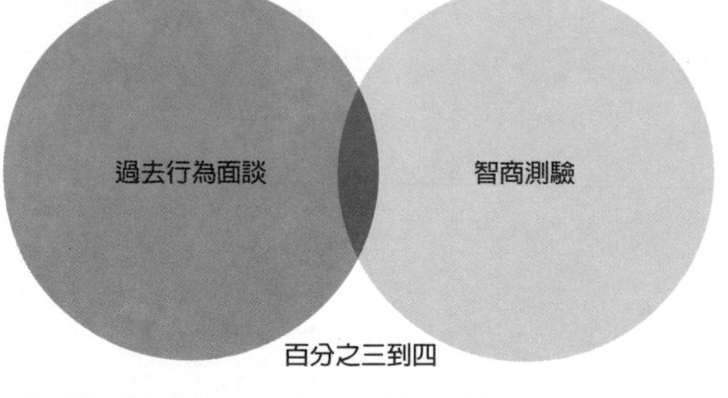

＊資料來源：賀夫肯特和他的研究夥伴；以及沙加度和他的研究夥伴

是評估與某工作有關的「所有」技能，結果大家就理所當然地以爲它也連帶評估了應徵者的智商。很明顯的，現在這項假設已不合適。

最容易解決這個問題的方法是找出一些適合「過去行爲面談」的問題，來評估個人智商。但是我們很快便知道，不論是「過去行爲面談」曾經試圖引進的各種問題，基本上都無法適用於評估智商。爲什麼？因爲經由「過去行爲面談」所測量的三大動力程式，其共通點本質上都是以「知識」爲基礎的；而知識是來自於經驗、良好的訓練，或社交互動等。智商是一個十分與眾不同的東西，它不是知識。因此，直到我們弄清楚「知識」和「智商」的差異之前，我們都將會無法了解到認知技能在領導力績效表現上所扮演的重大角色。

第十二章摘要

◎「過去行爲面談」被吹捧爲一個獨一無二、全面性的評估工具，可以清晰提供某個人或每個人的優缺點，也可以預測他的領導能力。

◎雖然「過去行爲面談」已幾乎普遍成爲主管績效的主要評估工具，但是對這些面談實際評估的重點，卻存在一個根本的誤解。

◎令人感到十分驚訝的是，「過去行爲面談」竟無法評估自己聲稱可以評估的事物。

◎有關研究結果證明個人在回答「過去行爲面談」中任何問題時的表現，不論該題目的議題是什麼，都是被以下三種動力程式所支配：即經驗、工作知識和社交技能。

◎更重要的是，「過去行爲面談」竟然完全沒有去評量一個重大特性，即主管績效表現最重要的決定性因素：智商。

13
知識多不等於智商高

資訊須能被巧妙地運用

知識就像儲存在電腦硬碟裡面的資料，
而智商就像電腦最重要的核心——處理器。
擁有知識卻沒有高智商，
或者有高智商卻缺乏知識，
再怎麼樣這位主管的表現都會頗爲糟糕。
過去的評估工具都幾乎把
重點放在知識的評估上，
其實我們更需要的是能直接評估
「蒐集分析及運用資料」這種智商的工具。

針對主管做綜合評估，必須不只是集中測量他的知識程度。我們必須納入一個評量智商的方法，又或是設法讓目前評估應徵者僅偏重知識層面而產生的重大缺失不再繼續下去。問題是該如何建立起這個測驗方法？爲了達成這個目標，第一步就是我們必須先了解知識與智商之間的差異。

根據美國凱斯西儲大學心理學系系主任約瑟夫‧費根（Joseph Fagan）指出，在知識與智商兩者之間存在著一些困擾，是當前這個領域一個重大的問題，他說，「我個人深信圍繞著『智商』這個名詞所形成的爭論，是因爲過去歷史把『智商』界定爲個人的學識有多高，而不是他的處事技巧如何。」費根的研究是針對不同種族在測驗成績上的差異，他發現，當他運用一些需要相當程度運用學習知識的工具（像是字彙或數學）進行評估時，不同種族之間的差異便十分明顯。但是在一些以推理或處理技能爲主的測驗上，如圖像和空間形態認知等工具，則沒有任何差異。

很不幸的，知識與智商之間的區隔通常都模糊不清。例如，美國家喻戶曉的智力問答比賽「危險」電視節目（Jeopardy），參賽者如果能夠準確回答大量不同主題的問題，就能獲得大大獎賞。而這些贏家通常更常被形容爲「傑出精明人士」。然而，他只不過是學識豐富罷了。這些參賽者根本無法爲自己的智商證明些什麼。他們只是證明了自己是一個比別人更能反覆背誦各種知識的機器而已。因此，這對可以藉著記憶準確回答某個問題十分有用，但對智商卻沒什麼用處，智商是指個人如何有技巧運用知識去達成某項特定目標。例如，個人在大學校際辯論比賽中，可以很精準確認某些隱性假設，這就是智商的具體表現，相對的某些人只是偶然聽到以上假設，再而在往後的辯論比賽中重複提出那些看法，這就不算是智商的表現了，他們只可說是抄襲那些智者的分析，賣弄知識罷了。美國超級艾賽克斯電線電纜公司執行長卡特，進一步解釋如下：

「有很多人十分了解自己所處的行業，經驗十分豐富。所以，他們認爲自己所說的話準沒錯。他們需要出席一些會議，也認爲自己必須發表些看法，不過，他們只會重複別人說過的話，或者盲目抨擊其他人的意見。問題就是出在他們根本不去思考；他們只是嘴巴動個不停而已。」

正如卡特所說，沒有智慧地引用知識，效果很小。很少人對智商的重要性所作出的精闢描述，會比威爾許來得好：

「我時常會去衡量個人的素質，而不是他們腦袋裡產業知識的多寡。以美國國家廣播環球公司現任執行長波伯・韋萊特（Bob Wright）爲例。他本身是一位律師。一九八六年在我委任他成爲美國國家廣播環球公司主席之前，他和我一起攜手合作過塑膠、家居用品等事業，最後則是在奇異融資公司共事。一般人對他這樣一個從奇異出來的人，如何管理這麼一家大電視台感到很懷疑。但是我個人始終相信，擁有良好思考技能的人，可以很快獲得豐富而完整的產業知識。如果他們善用自己的思考力，就可以評估自己所處的新環境，同時也能很快進入狀況。」

威爾許這段話顯示他更看重個人分析和處理資訊的能力——即智商。而且對成功企業來說，更難以低估這些認知能力的力量。威爾許並不是說知識不重要不相關，相對的，知識和智商兩者之間是相互依存的。

如果我們把知識和智商比作爲一台電腦，知識就像是儲存在硬碟中的資料，當你有需要時，便把它們調出來。然而，只知道硬碟中儲存哪些東西，你也無法有效率地使用這些資訊。不論有多少資訊儲存在硬碟裡，我們還需要電腦處理器（處理器可說是電腦最主要的功能）。有的電腦可能沒有足夠處理能力，有效分析早就儲存在硬碟中的資料；但有的電腦卻具有特別效能，能快速處理原有的資料，甚至更多。

以「知識」爲基礎的評估工具只能告訴我們個人的硬碟中儲存哪些東西。爲了能夠全面評估個人績效表現，我們還必須了解他「處理器」的能力——也就是「智商」。知識提供我們一些基本提示，我們從中獲得處理某個特別情況的最好方法，但是這些資訊是否實用有效，仍須視乎我們能否有技巧的搭配應用。智商就是我們的資訊處理器，它決定了個人如何熟練運用已有的知識。

也就是說，對一個良好的解決方案來說，知識和智商都是必須的。當知識無法被有智慧地運用時，便變得毫無效用，相對的，如果沒有豐富知識，智商也會成爲沒用的東西。不幸目前主管評估工具只把焦點集中在知識上，根本沒有提供有關評估智商的工具。

戴爾電腦執行長羅林斯就承認「處理事情的能力」和「成功」之間的關係具有不容取代的重大價值。不過，他也指出這種智商實在很難發現：

「我們投入大量精力去尋找招募高技能的員工。我們十分重視個人的品質，而不是他們對這行業的熟識。如果個人具有高度的技能，他們就會知道自己必須了解這個行業哪些資訊。更重要的是，他們懂得用全新觀點與不同角度去問問題，探索我們需要有哪些作爲。雖然我們可以教導領導者和團隊成員有關公司的標準規範，但是我們卻無法使他們成爲一位精明人士。」

正如羅林斯表示，知識永遠都無法當成智商的替代品。可是目前評估工具都幾乎只把焦點集中在知識上。那麼，我們該如何確保自己能夠適當評估個人的處理能力？主要關鍵是在於創造一個評估智商工具，同時它也可以與目前評估知識的方法，像是「過去行爲面談」相互結合。這樣將可以對應徵者進行更完整、更徹底的評估。

事實上，由於測量個人智商的「智商測驗」和測量個人知識的「過去行爲面談」評估工具之間，並沒有明顯的重疊率（只有百分之三到四），所以把智商這個要素放進目前的評估工具裡，就可以獲得令人注目的重大改善——即準確度會增加近一倍之多。正如下圖所顯示。

因此，我們展開的第一步行動，就是要去界定出針對主管的智商問題，把焦點放在經理人如何有效利用或巧妙操作資訊和知識。當然，創造評估個人處理能力的工具並不簡單。這就是我們要切入的地方。透過運用目前有關智商問題——檢視如何將它們從知識問題中區別出來——我們就可以爲主管智商量身訂造一個最好的評估工具。

知識和智商評估工具的準確度相加

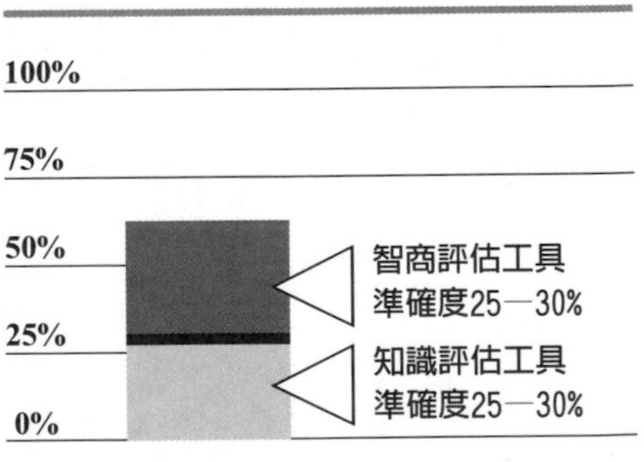

第十三章摘要

◎為了創造出合適的主管績效表現評估工具，我們必須先了解知識與智商之間的差異。

◎知識是指個人藉著記憶準確回答某個問題，而智商則是指個人如何有技巧運用知識去達成某項特定目標。

◎知識與智商兩者之間是相互依存的。如果沒有對方的存在，任何一方都無法有效運作，它們都是達成正確結論的必要條件。

◎大部分主管評估方法都只把焦點集中在知識上，沒有提供任何的智商評估工具。

◎把評估智商工具放進目前的評估知識工具之中，就可以使評估準確度增加近一倍之多。

14
選擇題 or 問答題

重點在評估思考的過程

你「怎樣」去測出某些事物，

它和你測出「哪些」事物同樣重要。

一個主管每天所面對的各種難題幾乎都不是單選題，

所以，要評量他的主管智商，

就不能再採用選擇題型式。

透過對話，

訓練有素的面談主持人

將可評估出最準確的主管智商。

如何評量智商？

知識和智商是兩個不同的概念，因此，兩者都分別需要屬於自己的評量工具。有關知識問題必須要求個人列舉他所學過或經歷過的事情，而智商問題則是需要針對個人如何把工作完成來設計。

很明顯的，知識問題並不涉及解決問題或處理新資訊，所以它們本質上就無法衍生出評估智商的直接工具。藉著比較這兩大類型的問題，我們可以清楚了解到它們兩者之間的不同之處。在面談中，評估者可以問應徵者以下有關成本的問題：

「你會採取哪些做法使公司股東利益大幅增加？如何降低公司的成本開支？」

這時應徵者最常見的反應，是細說他們過去降低成本的豐富經驗，從而獲得最恰當的正面的傲人成果。因此，他們對這個問題常常是這樣回答：

「在成功實現降低成本的策略上，我擁有眾所肯定的良好紀錄。例如，當我第一年出任執行長時，我把公司所有物品採購都改用線上競標系統，讓供應商報價使用，這樣做導致供應商之間競爭白熱化，同時也讓公司採購成本平均節省百分之十。此外，我也在公司內部成立差旅部門，負責控管公司所有差旅的成本開支。這樣做第一年就爲公司省下二千五百萬美元……」

在這個案例裡，應徵者詳述自己過去實例，展現出個人最好的經營管理實務知識。同時他也突顯出自己實現這些工具方法的寶貴經驗。類似這種案例非常多，應徵者會盡其所能提供更多有關某項議題的知識，爲的是要使自己在面談評估上表現得更好。以下是另一個知識的問題，它是和團隊合作有關的：

「現在談談你過去如何推動團隊運作。你可否告訴我一些例子，爲了使團隊運作發揮得更好，不惜犧牲個人利益？」

其中一位應徵者可能作出以下回答：

「這當然。我非常強調沒有什麼事物會比團隊運作更重要。我改變了主管績效的評估標準，納入團隊運作這個項目，成爲我們的核心標準之一。每個人都會接受以下的評估，即分別在與別人分享自己寶貴意見、訓練員工，和追求團隊最好利益而不計較個人得失上，他們的表現會有多好。此外，在最後一輪刪減預算計畫中，我們凍結公司全體員工的加薪，同時也提醒員工這個犧牲小我，一切都是爲了完成大我而來，直到薪資解凍前，我爲公司成功省下了百分之五十的成本開支。」

以上這位應徵者所列舉出的實例，都是有關他如何成功建立團隊的最好做法。這些類型的問題十分適當，因爲它們需要應徵者馬上作出清楚回應。而這類問題是直接評估應徵者關於某些重要工作活動的知識。此外，類似問題對主管來說並非難事，因爲它們只是屬於對話層次，看起來也很平常，而且相關性也很高，不過這些問題卻還是無法評估應徵者處理資訊的能力。

現在我們要了解爲什麼研究報告一致顯示，個人回答知識的能力與智商測驗的得分能力之間的重疊性極少。這是因爲你不能透過問他過去的績效表現，去評估這個人的智商。這些「自我報告」（Self Report）方式的問題，容許應徵者可以選擇自己過往一些令人滿意的行爲經驗，勤於發揮運用檢索個人知識（knowledge retrieval）的做法。換句話說，他們靠的是有能力想起並列舉出一些實例，以顯示自己擁有良好的經營管理實務知識，希望得到高的評分。智商在以上這個評估過程中幾乎沒有一席之位。如果用電腦來類比這個情況，這些問題看起來只是要受試者列出電腦硬碟裡的各種檔案和資料數據而已；它們根本無法測量個人的處理能力。

那麼到底是什麼可以把智商問題從知識問題中區別出來?答案很簡單，那就是去問應徵者一個有關智商的問題，請他解決一個新難題，這有別於知識問題只是要求應徵者回想過去經驗而已。

耶魯大學教授、美國心理學會主席和智商評量領域專家史登堡便指出一些問題，幫助我們弄清楚它與知識問題之間的區別：「沒有人會相信所有解決問題的工作，都完全適合作爲評量智商的方法：如解決某一天午餐需要吃些什麼的問題，就很難等同於解決確認在同事衝突中的各種假設問題那樣，同樣被視爲是一個評量智商的工具。甚至在一些特別的問題類型上，有些問題看起來較其他問題更適合成爲評量智商的工具。像是在語文比擬測驗裡，一些熟悉同義字就能解決的問題，就比不上那些不只需要嫻熟字彙，同時也必須擁有複雜推理能力的問題，更適合作爲評量智商的工具。」所以他的結論是，智商問題必須是無法透過回想已獲得的知識就可解決的問題。

也就是說，他建議評量智商工具必須運用應徵者過去從未碰過的各種問題情境。你唯有以肯定某人實際解決問題的能力，而不是他能夠重複自己過去曾經歷過、聽過或唸過的解決問題方案，來作爲評量應徵者智商的工具。要回答這種問題，就必須多運用些新的情境，少一些死記硬背的知識，也更需要多一些回答問題的認知技能。現在我們來看看一些可評量智商的典型問題。(摘錄自「智商測驗網站」www.intelligencetest.com)。

1.在以下數字排列中，請指出下一個將會出現的數字？3、5、8、13、21

(a)23 (b)34 (c)24 (d)41

正確答案是34。你在這問題中可以指出這個答案，就是根據前兩個數字連續相加的結果而來。設計這問題是用來測試個人對模組辨識、邏輯和數學智商的能力。

2.圖書館之於書本，如同書本之於……？

(a)書頁 (b)影印本 (c)書背 (d)封面

正確答案是「書頁」。在圖書館裡發現叢書，就好比在書本中發現書頁一樣。設計這類問題是用來評估個人的邏輯推理能力和字彙智商。

3.請選擇合適方塊，填滿左邊上方圖中的空間？

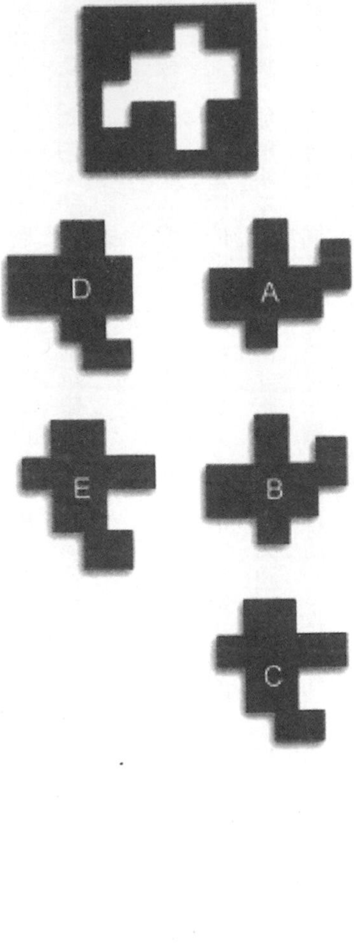

正確答案是C。藉著轉動每一個方塊，便很清楚知道C是唯一能塡滿該空間的方塊。設計這類問題是用來評估個人的空間推理性向。

以上這三個問題需要應徵者運用題目所提供的資料去推算正確答案。這時就用不到自己過去所知道的知識。然而，這些評估個人處理能力的問題，對評估主管績效表現並不太適合，原因分別如下：

首先，它們是以單選題型式出現，正確答案只有一個。而主管平日遇到的問題通常都不是這個樣子。現實生活中的問題總有許多可能的解決方法，而且它們幾乎都是透過口頭爭辯方式來表達的。

第二，評估各種認知技能，包括空間推理、算術和字彙類比等，都不是主管成功的核心要素。事實上，主管的職責很少會涉及這些特性。

第三，這些題目顯得過於基礎。那些擁有廣博專業知識經驗的主管，會將回答這種問題視爲莫大的羞辱。

爲了創造一個合適的評估主管智商的工具，我們必須把以傳統知識問題爲主的口試面談型式，和以智商測驗中對處理問題的答題要求，相互結合運用。雖然這會衍生出一個不只用來評量智商的工具，但是使用這個方法論，可以正確模擬主管在工作中展現智商的方式。運用這個智商測驗所評估的認知技能，必須是主管們工作的核心，而不是他們過去的學習成果。此外，這些問題也不需要特定行業的專業知識或經驗。還有它們所要求的任何知識，更必須是所有主管最基本的共通知識。唯有這樣，我們才能確認應徵者之間的差異，是在於他們本身的處理能力，而不是他們的知識多寡上。

因此，到底是哪些認知技能需要被這些問題加以評估？答案就是與主管智商有關的認知技能。請見下一頁的認知技能表。

從下一頁的圖表中，可以很清楚看到這些都是必須仰賴良好處理手中有效的資訊，以獲得正確決策的所有活動。然而我們不能只是去問問應徵者有關他們這些技能的問題，相對的，我們必須要他們證明自己確實擁有這些技能。例如，我們無須要求某人細說，自己曾如何成功確認某項策略造成意外結果，這時我們需要的是他本人親身的經歷，能具體指出自己曾遭遇到哪個帶來重大意外結果的實際例子。應徵者必須證明自己確實擁有這項技能。

然而直到今日，一般人都相信這類能力測驗不能過度依賴面談型式來進行。管理學家都比較喜歡用選擇題型式去評估個人智商，因爲他們認爲這種測驗較客觀，他們認爲任何由個人負責執行的評估工具，包括面談在內，都有無可避免的準確性不足。因此如果我們要去建立一個評量主管智商的工具，就必須先打破這個錯誤的假設。

構成主管智商的個人認知技能

關於工作， 偉大領導者：	關於他人， 偉大領導者：	關於自己， 偉大領導者：
適當地界定問題、從互不相關的各項議題中，區別出最重大的目標	從跟他人的溝通會議中，能夠區分可以或無法達成的結論	尋求（也鼓勵）人們提供回饋，指出自己在判斷中可能造成的錯誤，然後做出適當的調整
預測在達成目標過程中可能遇到的各種障礙，並能確認可以化解這些障礙的合理解決方案	找出可能是當前最優先的議題，並設法激勵和這情況有關的員工和組織	證明自己有能力去察覺自己觀點中的偏頗和侷限，藉此改善自己的想法和行動方案
嚴格檢視備受倚重的基本假設的準確性	預期他人對行動方案或溝通會議可能有的情緒反應	當自己看法或行動出現重大瑕疵時，必須能夠公開承認錯誤，作出重大改變
清楚解析他人所提出的建議或爭論有哪些優缺點	精確確認衝突焦點中的重大議題以及各方觀點	能夠說清楚他人爭論中的主要瑕疵，也能反覆強調自己觀點的優點
確認爲了掌握某項議題的實質內容，需要知道哪些其它重點，也知道如何獲得相關的正確必要資訊	適當考慮當採取一項特別行動時，將帶來哪些可能的影響和意外結果	考慮婉拒他人的反對意見時，必須同時承諾將會擬定一個健全行動方案
利用各種不同角度，預測各種行動計畫可能發生的意外結果	確認且平衡所有利害關係人士的不同需要和利益	

測驗型式——一個關鍵元素

一九二六年，「美國教育測驗服務中心」(the Educational Testing Service，ETS)推出「學習性向測驗」(Scholastic Aptitude Test，SAT)來評量高中學生的學習能力。這個測驗中所採用的選擇題型式持續了將近八十年，直到二〇〇五年，該中心才作出修訂，把作文納入測驗之中。這是SAT的重大變革。表示學習性向測驗的成績，部分是由個人去評定，而這個人更必須有能力去閱讀和評斷學生作文的品質。

爲什麼美國教育測驗服務中心會對行之有年且被廣泛接受的測驗模式，做出這樣的重大變革?前面不是說過這種人爲的評估方式會全面降低結果的準確性嗎?作文由個人來評分，看起來總會充斥著無窮盡的主觀性，根本無法像原來那些選擇題經由電腦核卷來得準確。對傳統學者專家而言，美國教育測驗服務中心這個做法簡直是不可理喻，竟把原來十分重要，和被普遍使用測驗的高度準確性，倒退了一大步。

不過，相對於社會大眾的認知，實際上該中心作出這個變革，是大幅改善了SAT的預測準確性。這項改變是經過充分的邏輯思考，和得到大量實驗數據支持而來。在各界把目光集中於變革及修訂的那幾年當中，有愈來愈多的大學都已發現，以作文爲基礎的標準化測驗分數，像是高級能力分班測驗(Advanced Placement Exams，AP)就較那些以選擇題爲主的學習性向測驗成績，更能預測學生的表現。也即是說在評估學生的成功程度上，人為的評估方式比電腦評分系統表現得更出色。

那麼它又是如何做到這一點？在於它本身評估型式具有不容否認的重要性。來自美國教育測驗服務中心的測驗專家發現，你「怎樣」去測出某些事物，它和你測出「哪些」事物幾乎同樣重要。今日許多大學大部分學生的成績評等都是以作文型式的測驗為主。只有極少數成績評等仍在沿用選擇題型式而已。最後我們得知預測某人未來的作文到底會寫多好，最好的方法就是在這一刻透過作文型式，去評估他們目前的作文能力。

我們對以上這些發現不應感到驚訝，而這種測驗模式都一致顯示出對評估結果帶來令人注目的影響。在二〇〇一年，美國耶魯大學教授史登堡和他的研究夥伴進行一項研究調查，針對三百二十四位參與者同時運用選擇題和作文型式，來評估他們各種不同的能力，結果證明上述所言不假。他們在研究中發現個人在某個選擇題測驗上的表現，和他在另一個選擇題測驗上的表現具有密切關連，差異相去不遠，不論這兩個測驗是要評估哪些事物。相對的，個人在作文測驗上的成績，和選擇題測驗上的成績，兩者之間的相關性極小，即使是這兩個測驗問題所要評估的事物相同，但結果還是一樣。

例如，一位學生在有關歷史的作文測驗表現優異，但這並不等同於他可以在歷史選擇題測驗中得到高分。相對的，同一個學生，只要他作文能力極佳，都能在其他任何作文測驗中表現傑出，不論是文學、科學或歷史等科目。而且很明顯的，作文能力好的人，不見得也可以在選擇題測驗上表現良好。反之亦同。

因此，如果你想知道學生們在學校中表現有多好，就必須運用以作文型式爲主的評估工具，這樣就可以準確評量出他們的學習性向。換句話說，爲了能更精準預測個人的表現，你需要正確模擬出他們將會如何實現哪些具體作爲。

根據美國保寧格林州立大學教授彼得・拜斯奧（Peter Bycio）和茱・漢恩（June Hahn）與美國菲多利公司管理專家肯尼夫・艾佛列斯（Kenneth Alvares）的研究報告指出，以上這個論點對企業主管績效評估同樣有效。他們針對一千一百七十位經營管理受訪者的績效表現進行評估，評量範圍涵蓋他們對別人的影響力或組織技能。而每一項技能都同時運用作文測驗和面談工具進行評估。研究發現，個人的績效表現與他們接受測驗時所使用的測驗方式，兩者間的關係不但相當緊密，甚至比個人績效表現與他們接受測驗的事物還更密切。

像史登堡、拜斯奧等人都同樣發現到擁有優異作文能力的人，也能在任何主題上都有良好的寫作表現。這種情況也同樣發生在回答面談問題之中。於是這些研究學者作出以下結論，「一般認爲，參與這些作文測驗所獲得的評等，不僅被期待與工作績效表現有所關聯，而且其相關的程度，已經到了所參與的練習測驗本身可以精準地反映工作。」換句話說，任何評估工具的準確性，都強烈受到工具本身的型式是否能正確檢視工作實質內涵的影響。

當把它引用到評量主管智商時，又該如何解釋？大部分主管都必須在透過即時對話的情況下工作——藉著對話交換意見，提出問題，並且在百忙之中作出決定。但是對於一些以選擇題爲主的問題，像是在傳統智商測驗中所運用的問題而言，卻很難複製這樣的情境。所以，最有效評估主管績效表現的測驗工具，就必須模擬現實工作本身即時對話的型式；重建這種情境對任何評估主管績效表現的工具來說，都十分重要。而面談則爲這個做法提供了最好的模擬空間。然而，如同前面曾提及的，當把面談這個工具用來評量智商時，長久以來都被批評爲不那麼準確。評論家總是認爲人爲判斷非常不可靠。他們表示以人爲方式進行評估，怎麼可能會像選擇題評分機器那樣具有客觀性？不過，這顯然是一大錯誤。

接下來請這些懷疑論者大大張開自己的眼睛，把視線對準人類的「主觀性」上，藉此提醒他們必須借重他人的判斷，才能珍惜自己的生命，像是每一次開車上危險四伏的高速公路，或當他們同意服用醫生開的藥方時就必然如此。那是因爲當談到如何做出與現實生活有關的許多判斷時，人類的知識總是不敷使用的。

事實上，研究報告已證實人爲的評估方式，在評等上具有高度一致性和準確性。例如大量證據支持「過去行爲面談」評估工具的有效性。而那些研究同時也顯示出，訓練有素的面談人員對於應徵者所評定的分數，都被認同具有相當高的水平，而他們所給的評等也充分證明有高度預測性。可是大部分管理學家還是抗拒把人爲評估納入他們各種測驗之中。

實際上，他們寧願在沒有任何人爲介入的情況下，去評估一些重要性較低的事物，也不願意依賴人爲觀察，去評估一些重要性極高的事物。試想一下倚賴機器進行評估的實用性，它可以針對一頭動物提供我們一些重要資訊。因爲機器本身很容易就準確量出這動物的重量、高度和長度。然而，這些資料並不足以讓我們知道這動物究竟是一頭犀牛還是一隻小象。唯有透過人爲觀察，才可以使我們立即知道它是哪種動物，這才是讓我們免於遭受犀牛角無情攻擊的最佳防範之道。

很明顯的，當面對給選擇題測驗進行評分時，人爲判斷永遠都無法像電腦評分系統那樣精準。但是當碰到評估面談時，人爲判斷就相對重要。因爲主管必須在即時對話的狀況裡善用自己的認知技能，所以任何評量主管智商的工具都必須使用面談這個型式，而且研究報告也發現這種以人爲判斷做爲評估面談的方法，具有相當高的一致性和準確性。

至於爲什麼評估主管智商的工具必須使用這個面談模式，這裡有一個附加關鍵要素：即「透過對話」就是揭露和判斷應徵者使用各項認知技能，成功回答問題的唯一方法。應徵者就問題提出最終答案，並不足以成爲一個具體反映受試者主管智商程度的合適指標，相對的，重要的反而是一個引導這個人作出結論，披露出他們本身優缺點的檢視過程。

正如一位代數老師那樣，如果他沒有檢視某位學生得到最後答案的演算過程，就無法有效評估這學生功課的品質。唯有藉著檢視學生的演算過程，老師才能發現到最後答案的優缺點。而這種情況也同樣發生在主管智商上。主持面談的人必須細心探究應徵者爲了提供最終答案，所處理的每一個推敲步驟，而這就是應徵者的決策過程，從中會透露出他認知能力的強弱。因此，只有由某一位人士來親自主持面談工作，才能展開一個調查性的對話，讓應徵者思考過程更清晰……從而得到最適切的評估。

第十四章摘要

◎評量智商所用的工具必須有別於評估知識的工具。

◎問應徵者一個有關智商的問題，就是要他們運用現在手中的資料，去解決一個嶄新的、不熟悉的難題，這有別於知識問題，後者只是要求應徵者回想過去經驗而已。

◎構成主管智商的個人認知技能，指的是如何處理手中有效的資訊，進一步獲得正確決策的所有活動。

◎用來評估智商所採用的型式，對結果的準確性十分重要，而且它必須正確模擬出在現實生活中將如何實現哪些技能。因此，主管智商必須採用一種透過即時對話的型式來評量，而這型式就是大概相當於主管完成工作的方法。

◎以人爲主的判斷方式，將之作爲面談的模式，就可以得到相當高的一致性和準確性的發現。而利用訓練有素的人來主持主管智商評估面談，更是一個最有效和必要的方法。

第四篇
準備好成爲一流主管

15

卓越者的辨別

在眾多應徵者中找出眞正明星

現在我們已肯定唯一評量主管智商的工具，
必須是一個對談的型式，
透過一位能夠適切發問的主持人
提出一連串問題，來評估受試者
在工作、他人、自己這三大領域，
是否具有批判思考的能力。
重點不是爲他所推論出來的決策結果打分數，
而是去評量他做出推論過程中的所有思考的品質。

把卓越辨別出來

我們很清楚的了解到，不可能只運用傳統的評估方法，就可以評量出最好的企業頭腦，因爲到目前爲止，尙沒有一個合適工具可以評估主管的智商程度。如果我們想要可以確認出主管智商，就需要一些値得信賴的評量工具，去評估和比較現實世界中受訪者的能力。現在我們已肯定唯一評量主管智商的工具，是一個對談的型式，透過一連串問題，評估那些已被確認爲主管工作最重要的認知特性。

不論我們是試圖發現主管們完成工作、與他人合作的能力，抑或是要評估他們的想法和行動，這都是主管智商評估工具所應發揮的功能。運用現實工作情境，主持面談的人必須提出一些問題，要求應徵者回答爲了解決難題，將會使用哪些特定認知技能。而這些問題本身也不能暗示他們需要採取哪些技能。相對的，如果要每一個問題都獲得應徵者最好回答，那麼這些問題就需要他們親口說出如何應用某些特別技能。

例如，設計某個問題去評估個人「確認他人建議中的缺點」的能力時，就不可以直接暗示應徵者應怎樣做。這時我們反而是要求應徵者去分析某個情況，採取哪些合適的反應，以確認他人建議中的主要缺點。透過這個問法，應徵者必須證明自己在工作中有能力去執行這項特定技能（前提是沒有任何提示）。

針對每一個問題，應徵者都必須分析情況，作出結論，證明自己的推理分析正確無誤。在進行測驗期間，應徵者會面對五大不同的情境，每個情境設有五到六個問題，藉此測量他們在每個情境上的認知能力。透過運用各個不同的情境，和超過三十個以上的問題，將可以具體評量出個人所有認知技能的實力。整個面談時間則需要一個小時左右。

在面談中，主持面談的人先運用一些指定問題，仔細察看應徵者面對這些問題時所作出的結論，找出他們爲何有這個想法。而就是這一類型的問題使得主管智商評量工具變得相當獨特。應徵者必須在面談中，立即說出如何把問題解決，如同他們在日常工作中所面對的情況那樣，同時還要解釋自己爲什麼會這樣做。此外，更沒有任何一個問題，可以很輕易的被回答「我就會這樣做……」。相對的，應徵者必須詳細解釋「爲什麼」他們會採取這些行動。藉著這個演練，他們會顯露出自己認知能力的品質，而這些畢竟就是主管智商評量的主要核心所在。

只針對應徵者的最終結論給予評分，是不夠的。即使在現實世界中，一般人都不會被要求說清楚他們作出最終結論的思考過程，因此，負責評量主管智商的人，就必須在面談評量裡探究他們的決策過程。除此之外，沒有其他方法可以全面評估應徵者的認知技能——同時包括他們的長處和侷限。

主管智商評估——關於各種工作

現在讓我們看看「完成工作」方面的主管智商問答：

問題：你是一家大型軟體公司的執行長。你公司的軟體產品價格在遭到國內外競爭對手夾擊下，已大幅往下調整。而你的工作團隊也十分認同公司必須立即採取全面刪減成本的行動。這時，你的營運長建議把大部分程式設計的工作轉包給海外承包商，藉此削減公司龐大的薪資支出。事實上，營運長也早已接到一些印度和南韓公司的承包合作企畫提案。在這個情況下，你對他所提出的這項建議案，會如何回應？

應徵者甲答道：如果發給承包商，他們也需要作出大量成本，支付員工薪水和雇用專業人才。我需要知道我們能否「付得起」這筆費用。

主持面談者：你說的「付得起」，是什麼意思？

應徵者甲答道：雖然承包商這個想法十分吸引人，但是如果我們公司付不起這筆費用的話，思考外包策略無疑是在浪費時間。再說，我們今年年度計畫已進行了一季，如果因執行外包策略反而造成沈重的財務負擔，就會使公司其他主要計畫，像是廣告和銷售方案的經費預算遭到大幅刪減，我認爲採取這個策略不太合理。

在以上案例裡，由於應徵者甲沒有回問這個問題來確認關鍵事項：「把公司的程式設計工作外包出去，能否使公司成本開支大幅刪減？」這首先便顯露出應徵者甲沒有能力嚴格檢視當前最重要的議題。他反而只是把焦點集中在預算不足上，忽略了營運長提出外包的想法本來就是想要解決公司成本開支的問題。此外，應徵者甲的成本分析也沒有具體說明，外包可能造成哪些意想不到的結果，像是公司與承包商在兩個完全不同時區，遠距合作下所產生的人事管理問題，或者是公司內部大幅裁員可能帶來的紛擾。

主持面談者：你對營運長所提出的委外建議案，還要知道其他訊息嗎？

應徵者甲答道：那些承包商可靠嗎？

主持面談者：你所說的「可靠」，指的是什麼？

應徵者甲答道：他們會否常常出狀況？他們的錯誤是否會使公司產品出貨效率變得很慢？我需要這些承包商及他們出貨可靠度和客户滿意度的數據資料，加以評估。

這段對話再次顯示應徵者甲沒有能力確認問題的眞正內涵是什麼，也不知道自己更需要知道哪些重點。因爲他只選擇用承包商本身的錯誤去界定可靠度，而不是把承包商的錯誤和目前公司員工出錯率相互比較，這使得他所提出的問題變得沒什麼深度。

總而言之，應徵者甲在有效完成主管工作所必須具備的部分認知技能上，表現得十分差勁。而這些認知技能十分重要，因為任何一位主管的基本職責，大部分都集中在他們自己必須有能力去分析面前的整個情況，提供部屬適當的指引，和作出最後結論。

接下來應徵者乙則提供了一個與應徵者甲完全不同的答案：

應徵者乙：首先，我必須知道為什麼營運長會認為把程式設計工作轉包給海外承包商，就是解決成本難題的最好答案。雖然他的看法可能沒錯，但是公司刪減成本開支是全面性的，不應只侷限在裁員上面。而且程式設計人員的薪資本來就相當高，在海外大肆招兵買馬，取代目前公司員工，成本真的會省下來嗎？例如，程式設計國外承包商也必須立即獲得公司相關產品、市場、行銷和客户需求等大量訓練。再說我們更會愈來愈倚賴他們去研發新商品、維護和處理客服等相關問題。因此，以上這些所衍生出來的成本開支，又將會為這項原以為較節省成本的外包計畫帶來哪些影響？

在這裡我們看到應徵者乙顯露出極有能力嚴格檢視當前的假設。她了解到在營運長的推論裡，存在著一個必須加以證實的重要假設（例如，外包等同於廉價生產力）。同時應徵者乙也指出會有哪些間接成本出現（像是前置作業投資、客戶服務和軟體研發），因此更需要慎重分析評估。所以她也顯示出自己有能力去確認這個議題的眞正內涵是什麼，和更需要知道哪些重點。

主持面談者：你還需要哪些其他訊息？

應徵者乙：全面實施外包計畫會否造成公司員工強烈反彈，引起嚴重衝突？公司面對勞資關係惡化將付出哪些沉重代價？而隨著員工離職或甚至出現怠工時，又會爲公司造成哪些潛在損失？雖然我對軟體公司認識有限，但是，把公司核心業務移往地球另一端，總公司與承包商分別在兩個不同時區工作，這會否使公司生產力大受影響？

從這項回答，我們看到應徵者乙有效的思考到營運長建議案中，可能意想不到的後果，其中包括了勞資關係惡化，和可能大大折損了員工的生產力。

在主管智商評估中，應徵者乙在這方面得到極高評價。她證明自己在做決策致勝的某些認知特質上擁有十分堅強的實力。通常也只有少數主管具有這個精通熟練程度，而就是這些人，才能成爲明星人物。

此外，更重要的是這位應徵者自願說出自己對這個軟體行業並不太熟識。在主管智商評量中一個最主要特性是：它只針對最基本的主管知識，而不是在於本身的產業專業知識，因爲唯有前者才能提供最好的解決方案。

例如，就以應徵者乙對主持面談者提出「你還需要哪些其他訊息」的反應來說，她選擇把焦點集中在員工和生產力的混亂紛擾上。不過如果她能進一步體認到其他不同限制條件，像是保護智慧財產權，或國內民眾對公司釋出就業機會到國外的負面反應等，她就可以在處理各種意外後果的認知技能上，同樣得到高分。

事實上，以上這項評量問題的內容，跟應徵者的決定將導致哪些意外後果尚且無關；所以他們只需能確認可能有哪些意外後果就可以了。他們可以透過提出一到兩個相關的事情來探討，證明自己具有這個能力。而且它也不看重應徵者本身的知識，來決定他們對這項測驗的熟練程度；相對的，它評估的是他們的推理能力和認知技能而已。

對任何一個主管智商問題來說，都沒有單一正確答案。評估工具本身只注重應徵者的特質，對有關他的回答所呈現出來的認知技能加以評量。因此，所有答案都可以被考慮，這並不是根據應徵者知道些什麼，而是他們如何有技巧地探討和運用手邊現有資料，從而獲得一個正確回應。不論是涉及工作、他人或自我的各種認知技能，這個原則都一併適用。

主管智商評估——關於他人

現在讓我們看另一個不同的主管智商情境，它是聚焦在個人有效的與他人共事，和透過別人合作的認知技能。

問題：你身爲雷納迪公司的業務行銷部門總經理。你在這公司只待了一年時間，這時公司一位資深業務經理雅曼妲要求和你見面，請你關切一下她和她的頂頭上司瑞克在處理某位客户問題上所出現的緊張關係，瑞克是資深副總，同時也是你的直屬部下。在雷納迪公司裡通常都要求員工尊重「指令鏈」溝通系統的有關規定；即任何一位員工向其他人提出問題，引起他人注意前，必須先和他們的直屬主管討論溝通。很明顯的，你知道雅曼妲不曾和瑞克討論過這件事。面對這個情況，你會怎樣做？

應徵者甲答道：我會馬上去找瑞克，讓他知道雅曼妲的顧慮，我會要他作出回應。同時我也會要求瑞克說明整件事情進展如何，又是否需要我的介入。

主持面談者：爲什麼你會採取這項行動？

應徵者甲答道：我認爲解鈴還須繫鈴人，他們的問題需要他們兩個人面對面去解決。瑞克身爲資深副總，必須想出辦法妥善處理自己和部屬之間的問題。而且我也必須相信我的部屬能好好解決這個問題。

從應徵者甲的反應，可看出他無法預期到在這件事情上每一位參與者可能的情緒反應。以應徵者甲的反應，他會馬上面臨瑞克和雅曼妲產生激烈衝突的風險。他可能還來不及做出任何示警，就讓雅曼妲暴露在瑞克的憤怒回應中，使她對公司的信心完全崩潰。

此外，應徵者甲更沒有從雅曼妲要求跟他見面一事上，充分體會到自己的侷限，也就是說，他搞不清楚自己可以作出哪些推論，又有哪些是無法掌握的。根據雅曼妲的想法，再加上他自己加入公司不到一年，根本沒有足夠資訊去了解整個問題的屬性，也沒有嘗試把問題弄清楚。

主持面談者：下一步你會採取什麼行動？

應徵者甲答道：爲了安全起見，我會去了解瑞克和他客户之間曾經發生哪些問題。

主持面談者：爲什麼你會採取這項行動？

應徵者甲答道：因爲瑞克本身也可能是問題的一部分，同時他也可能沒有告訴我整件事的經過。所以我要透過向其他人查證，了解自己是否已弄清楚整個事實的眞相。

應徵者甲顯示自己無法體認到採取這個行動可能會造成哪些影響。正當他料想瑞克可能不夠客觀，沒有提供自己足夠訊息時，他卻打算去問別人這件事情的進展，無疑是在質疑他底下這位資深副總的才幹，從而帶來不必要的風險。

應徵者甲如此嚴重缺乏人際間的認知技能，確實令人擔心。處理各種狀況和問題，是每一位領導者職責中一項重要成分。通常他們的過度介入和判斷拙劣，都會成爲災難。在這個案例裡，應徵者甲竟粗心大意的直接涉入兩個部屬不和的風暴之中。更重要的是，這些失策更徹底破壞了他的員工對他所具有的信心與信賴。

例如，雅曼妲可能會選擇向其他人訴苦，表示自己原本希望能與應徵者甲先私下好好談一談，但是她對他的信賴卻被徹底破壞。又或者是瑞克可能會從旁人口中無意間聽到應徵者甲在「查證自己的做法」。這一切都會破壞他們之間的關係。相對的，擁有較佳主管智商的人，將會在處理人際問題時有以下這個反應：

應徵者乙：雖然我知道與雅曼妲見面不合乎現有體制，但我還是決定和她談一談，試圖找出她特別關切的地方。

主持面談者：爲什麼你會選擇和她談一談？

應徵者乙：可能是雅曼妲對公司目前「指令鏈」溝通系統的既定政策有其他看法，而且事實上她寧願違反規定直接向我提出問題，就意味這個問題眞的需要我介入。再說，這也可能是因爲那位客户十分看重這個問題，讓她不得不這樣做。不管怎麼說，我剛來這公司工作不到一年，或許有很多事情是我不知道的。因此，我必須和她好好談一談，以便找出事情更多的眞相。

在這裡應徵者乙充分體會到雅曼妲提出會面要求，自己可以作出哪些推論，和哪些推論根本無從獲得。他確認自己沒有足夠資訊知道那位客戶到底發生什麼事，同時他也不曉得爲什麼雅曼妲寧願不顧現行規定，要求和他見面。

主持面談者：那麼你希望在與雅曼妲的會面當中，能夠發現什麼？

應徵者乙：我需要找出這個客户問題的本質，也需要了解爲什麼雅曼妲會跳過瑞克，要直接跟我談。雅曼妲拒絕先跟瑞克討論溝通，可能是他們之間有些衝突；而且那位客户的問題十分緊急，根本沒有足夠時間讓雅曼妲和瑞克解決他們之間的私人恩怨。

不過，如果雅曼妲在跟我談的時候，無法提出一個好理由說服我，讓我相信她眞的非得越過瑞克這一關，直接跟我談的話，我就會提醒她公司早就設有一個「指令鏈」溝通系統，還有我會告訴她公司爲什麼會建立這系統？最重要的是雅曼妲和瑞克之間必須信任對方。若要解決這類個人衝突，當事人唯有與對方面對面直接溝通，才能建立起信任基礎。我會向她解釋這個想法的重要性，強調她未來必須直接與瑞克共同解決這類問題。同時我也向她作出保證，我不會跟瑞克提及此事，以避免事情進一步惡化。

透過與雅曼妲的對話，確認客戶問題的本質，應徵者乙十分老練的體會到和平衡了各方有利害關係者的需要——一方面是雅曼妲和瑞克，另一方面則是那位公司客戶。而且應徵者乙也相當明智的認知到自己的行動將造成哪些可能後果。藉著與雅曼妲會面，容許她打破現有體制；但如果她這個做法不恰當，他會強調公司目前「指令鏈」溝通系統的重要性，不容許她以後再隨意越級報告。最後，應徵者乙更了解到瑞克對雅曼妲越級報告可能產生的情緒反應，所以他也承諾不會告訴瑞克有關他們之間這個對話。

應徵者乙的回答顯露出豐富的社會閱歷經驗。更值得強調的是他所採取的解決方案，是充分運用了多種認知能力。這是主管熟練精明行爲的品質標記，他們通常在面對一個複雜情況時，都會對各種可能因素給予愼重的思考。

這種情況就像頂尖撲克牌高手一樣，他們全力投入牌局，注視每位對手的一舉一動。當牌局展開後，他們一方面在看自己手中的牌，另一方面也在看對手的「神情舉止」，評估他們贏的機率有多高，也同時判斷他們的神情舉止對他們贏的機會又有多大影響。如果忽略了以上任何一個因素，可能會導致他們一敗塗地。

應徵者乙同時考慮到客戶需要、瑞克和雅曼妲利益，與他們對自己採取的行動會有哪些可能反應。而這個做法也使得應徵者可以針對這高度緊張事件，終於達成一個令人滿意的結果，讓各方都能得到最大利益。

應徵者甲和乙的答案，絕對不是這個問題唯一的答案。其他應徵者可能選擇同時與瑞克和雅曼妲會面，一起把整件事情弄清楚。在進行主管智商評估過程中，評量應徵者的推理能力，和他們探究的是哪些問題，就能看出他們如何達成令人滿意的結果。這突顯出一位技巧熟練、富有經驗的面談主持者，在引導整個面談過程上所扮演的重大角色。不同應徵者面對相同情況，都有不同的做法。而且其中有些解決方案也很不錯。所以這就需要一位受過良好訓練的面談主持人，去探究每位應徵者的推理能力，以決定他們各項認知技能的好壞。

主管智商評估——關於自己

在主管智商評量中最後一個評估項目，就是關乎「自己」的認知技能，它是指個人有能力去評量和調整自己的想法和做法。以下這個案例，就是一些設計用作評估個人這項能力的問題。

問題：你正在爭取讓自己坐上美國卡姆登集團運輸部門負責人的寶座，你的主要競爭對手是一位名叫馬克的同事，這個人在你心目中只不過是個愛出風頭的人而已。你正計畫提出一項新方案，相信它將讓公司營運績效優於預期，同時你也希望藉著這個計畫，能夠使公司營運長對你刮目相看，以擺脫馬克的威脅。這個新計畫是透過修訂客户滿意度調查的內容，改變過去研究客户需求的分析方式；你希望從中了解到運輸部門將會面對客户哪些額外或未來的需求。於是你在與營運長每星期的例行會議上，選擇一個適當時機，與你的同事分享你的看法。當你報告完畢，正開始接受同事讚賞目光時，馬克卻突然開口：「我敢打賭這些研究分析永遠都無法落實，回應率必然十分有限。你這個做法眞的那麼有效嗎？」這時，每個人都把視線轉移到你的身上，期待你作出回應。面對這一刻，你會怎樣做？

應徵者甲：我會說，「馬克，我不能確定這個做法的回應率有多少，但是你說它沒有效果，是根據些什麼呢？在否定這項想法之前，爲什麼我們不先弄清楚整個事實？」

主持面談者：爲什麼你會這樣回應？

應徵者甲：因爲大家可能會認爲馬克只是太愛出風頭，想讓我出醜而已。而且很清楚的是他的批評僅出自於臆測。我這樣回應是要使馬克回到現實，讓他確認他只不過是在猜想，而他的猜想也實在是一個不必要的負面看法而已。

把馬克的批評輕視爲一項臆測，然後直指其毫無根據，這顯示出應徵者甲沒能力去正視自己的偏見，或自己固有看法的侷限。事實上，他根本不知道馬克對回應率的看法是對或錯。雖然馬克是持敵對的批判態度，但這無法證明他所說的是不適當的。應徵者甲對馬克個人風格的直覺反應，使自己無法去正視馬克的批評有否存在的價值。而他用一種毫無效益、防禦性的方式回應，結果是使自己無法藉此改善自己的行動計畫。

主持面談者：接下來你會再說些什麼？

應徵者甲：我可能會進一步對馬克說以下這樣的話，「馬克，你的批評比較像是在分散注意力，而不是什麼幫助。請你有點建設性，好嗎？」

主持面談者：爲什麼你會這樣說？

應徵者甲：這樣做是要肯定我先前提議的好處並沒有失去，而且每一個人也會明白馬克所說的對這項討論一點價值也沒有。

應徵者甲此舉將讓自己先前第一次反應的裂痕繼續擴大。他並沒有趁機更詳細地說明自己這個計畫的價值，把焦點拉回到案子本身，適當爲自己的看法辯護。相對的，他只是集中火力在批評馬克，完全不理會馬克的評論。

事實上大部分主管都不太容易正視自己固有的看法，不論這是否來自於競爭工作環境下自然而然出現的人類天性、既定氛圍或反射作用。然而，最好的創新看法，很少是以最完美的型式出現。所以主管必須有能力吸取和利用他人的批評去改善和強化自己的看法。而且他們也必須能區分出合理的和無意義的批評，從型式上或調性上將之加以區別出來。不管應徵者甲對馬克行爲舉止的看法如何，或許他的批評確有其獨到之處也說不定。因此，應徵者甲缺乏主管智商這方面的認知技能，這使得他無法改進自己原有的看法。

接下來應徵者乙則提供了一個與應徵者甲完全不同的答案：

應徵者乙：我會說，「馬克，你認爲回應率將會很低，不能作爲值得信賴的資訊來源，我想你這個看法可能沒錯。因爲這個新計畫很重要的是建構在原已不良的資料數據上。所以或許我們先去確認哪些客户不會填回問卷，然後我們再打電話給他們。」

先立即肯定馬克批評有用，應徵者乙顯露出自己有很大能耐，體認到自己固有想法中可能存在的缺失。她甚至十分有技巧的採取修正行動，直接打電話給那些不塡問卷的客戶。

主持面談者：接下來你會再表示些什麼？

應徵者乙：我想最後馬克的看法可能是對的，因爲部分客户是不會塡回問卷的。可是這些調查方法一直都是最便宜和便捷的做法，能提供我們所需的資料。所以不論在哪裡使用這些工具都是合理的，而且我會向團隊成員作出解釋。

主持面談者：爲什麼你會選擇這個處理方式？

應徵者乙：如同馬克個人風格那樣，他的批評也使我感到煩惱，但重要的是他並沒有使我的看法失焦，反而爲我帶來一項潛在的價值，讓我們可以在客户需求改變調查分析上得到更精準的資訊。因爲他提出如何把這事做得更好的重要問題，這個意見本身十分有價值。

藉著重申她這個新計畫案的基本價值，應徵者乙適當的維護了自己看法的優點與長處。最後她在區分馬克愛出風頭，和他批評的實用價值一事上，勇於面對和處理自己固有偏見，所以這些偏見便無法使她對自己這項計畫需要作出改善，視而不見。

通常最佳主管都能證明自己擁有這項良好裝備，能夠尋求和利用相關資訊或批評，從而發現可以改善他們自己看法或行爲的好方法。而應徵者乙顯露出自己在這項認知技能上擁有強大實力，能落實以上這個做法。相對的，許多主管對批評的回應盡都是被動處於消極防守的一方。而其他人對於批評則是太過輕易就豎起白旗，讓自己放棄了許多重要觀念的優點與長處。事實上，領導者不惜用放大鏡來檢視自己，爲的正是要確認批評本身是否具有利用價值，而且同樣重要的是，即使那些批評毫無根據，自己也必須堅守立場，這無疑是十分珍貴罕有的。這也就是每一位領袖必須具備的主要能力，因爲許多歷史上最偉大而重要的創新想法和做法，往往都曾遭遇到各種猛烈嚴苛的批評。

像亞歷山大・葛拉罕・貝爾試圖出售他的電話科技發明，當時，全世界通訊業龍頭西方聯合公司主席威廉斯・奧頓就這樣回應，「貝爾這項創新只是個電動玩具罷了，對我們這家公司又有何用呢？」而英國牛津大學教授伊拉斯謨斯・威爾遜更批評說，「巴黎博物館打烊時會把電力切斷，那這樣還聽得到電話鈴聲嗎？」在數十年後，迪吉多電腦公司創辦人肯尼夫・歐森也曾說，「實在沒什麼理由可以讓每個家庭都擁有一台電腦啊！」

在今日回想起來，以上這些言論眞是挺滑稽幽默，但是對那個時代來說，普遍附和那些針對高科技發明的批評聲浪卻不絕於耳。唯有那些新科技供應商才有能力區分出眞正批評和不合理攻擊，斷然推出這些新產品。今日的領袖也同樣面對這類挑戰。他們必須不斷承受來自四面八方的重炮抨擊。這時唯有明星領袖能適當地予以處理，辨認哪些是有價值的批評，哪些不當的批評必須駁回。至於前面所提到的各種面談問題，就能夠評估出達到這項目標所需具備的核心認知技能。

主管智商：一個有力的驗證理論

正如你在上一節所看見的那樣，沒有任何一個評量主管智商所用的問題曾試圖引導應徵者應該使用哪些特定認知技能來回應，這些問題必須運用受試者本身的特定技能才能答出最好的答案。此外，對於這些假設情況，也沒有所謂的正確解決方案。主管智商評量工具聚焦在應徵者思考過程的品質，評估這個過程能否使他作出正確結論。

當某人對主管智商的評量問題提出一個十分有力而合理的解答時，通常他們的答案看起來都極爲明確。這是因爲在該答案背後有著熟練敏銳的思考力（skillful thinking），而這份思考力的邏輯性極爲清晰。不過，要想出一個強而有力的回應是相當困難的。而且熟練敏銳的思考力永遠都不是很輕易的便可擁有，特別是主管智商測驗中的問題，都是依據現實工作中的實際需求情境而訂定。

透過這個問答的過程，主持面談的人判斷應徵者反應的品質，從而給予受試者其主管智商的評分。至於這些評分是用來比較每一位應徵者。而它本身就是主管智商評估工具一大主要用途，並創造出一個比較主管和預測他們未來績效表現的標準。

根據各種主管智商問題的架構和焦點來看，這些問題都顯得十分獨特。它們被設計聚焦在主管績效表現的各項認知能力上，分別涵蓋了工作、他人和自己等三大層面。但是又有什麼證據可以支持主管智商評量工具能實際評量出主管智商？

本書作者曾在二〇〇二年發表一項研究報告，在報告中指出由六十六位專家組成的研究團隊，評估各種評量工具的使用成果：他們分別運用「主管智商評量工具」、「過去行爲面談」、人格特質調查，和被廣泛使用的一般智商測驗等。結果顯示主管智商的分數的確與一般智商測驗的分數互有相當的關聯性。只不過這份關聯性的程度，僅在於這兩種工具所評量的技能當中只有些微的重疊而已，除此之外，它倆所評量的技能都是不一樣的。換句話說，主管智商評量工具被發現爲一項更有效的評量智商工具，而且它所評估的是一個截然不同的智商類型，也是一般智商測驗所不及的。再進一步說，主管智商評量工具，與「過去行爲面談」或人格特質評估方法之間並沒有任何明顯關連，這意味著前者所提供的資訊較其他被普遍使用的工具獨特多了。

接下來還是存在一個棘手問題：受試者在「主管智商評量工具測驗」中的表現，是否能實際預測出他在現實生活中的主管能力？在本書作者另一份研究報告中指出，三十五位來自不同行業的主管接受主管智商評量工具測驗和評分。然後再針對他們同事、部屬和長官進行不記名訪談，要求他們對每位受試者給予績效評等。結果顯示，透過主管智商評量工具的評分和不記名訪談績效評等之間相關性達零點四一，這表示主管智商評量工具足可成爲主管成功的強力指標。

二〇〇四年在美國西密西根大學評估中心，一個由多位專精各項評估工具的評量專家學者組成的研究團隊，重新檢視目前所有的主管智商問題及答案。及後該團隊負責人企管教授珍妮佛・帕爾特（Jennifer Palthe）作出以下結論：

「針對一切與主管智商評量工具有關的資料數據，全面進行研究分析和反覆驗證後，我們認為該評量工具可能是評估經營管理績效的最好方法。證據充分顯示它能夠評量出自己希望評估得到、同時也抓得住目前經營管理績效表現的各個層面，而這是其他評量工具無法做到的。主管智商評量工具相當具有建設性、滿足感、會聚性和表面效度。它能夠充分掌握經理人有關邏輯推理、評估爭端，和了解解決方案等能力程度，提供當事人一個評量工具，適當確認某一位可能是與眾不同的經營管理長才。此外，這個評量工具的實用相關性和便於評分，更讓它具有高度吸引力，成為一個當前最卓越的經營管理評量工具。」

直到今日，主管智商評估面談已遍及十八個不同國家，透過七種不同語言，共有五百多位主管人員接受評估。不論是語言、國家、性別或種族不同，都在在證明對評估績效表現沒有帶來任何影響（詳見附錄）。

一般學習智商測驗最重要的貢獻，是在於它能評估出學生學習表現上普遍的認知技能。擅長解決算術難題或者精於閱讀理解，都能預測學生的學習表現，這也同樣不論其語言或國籍的差異。

這種情況也可以說同樣發生在主管智商評量工具上。個人思考能力是舉世皆然的特徵，而個人在這方面的特質，大多決定了他的績效表現，也不管語言或國籍的不同。例如，有能力批判或評估各種假設，或者有能力體認和平衡各方有利害關係者的不同需求，便構成不同行業或地域的主管績效表現的基礎。而這就是造成主管智商評量工具如此有效的主要原因。它提供我們一個標準化的方法，去比較來自各個不同公司、行業或國家的個人，評估他們主管工作的主要認知特性。

再者，主管智商評量工具的準確性，在企業實務運作上也不斷被證實。例如，二〇〇二年一家資本額高達十億美元的公司打算要物色執行長繼任人選。該公司內部主管爭相角逐這個寶座。公司爲了獲得外界較客觀的看法，便邀請一些受過良好訓練、經驗豐富的顧問，透過「過去行爲面談」和其他各種評估工具，對每一位候選人進行全面評估。最後其中一位雀屏中選，成爲新執行長的不二人選。

接著，爲了做最後確認，公司也運用主管智商評量工具對他加以評估，結果赫然顯示他本身有著顯著的弱點。雖然前面所有評估資料都不曾指出這一點，但是這位候選人卻在體認和修正自己固有判斷的能力上明顯不足。甚至可以這麼說，他即使知道自己的看法和做法出錯，都總有著堅持己見、冥頑不靈的強烈傾向。用主管智商術語來描述，他嚴重缺乏檢視「自我」的認知能力。

評估小組把所有發現到的資料，一併向這位當事人提出說明。在提到他個人的優點後，小組成員也告知他這個重大弱點。當他面對這個缺陷時，他先是露出茫然失措的表情，然後便沉默了下來。

最後，只見他說，「你們是怎樣知道的？這確實是我的致命傷。是誰跟你們說的？」主持主管智商評估的人便對他說，「你在這個測驗中的成績，正顯示出你一向都有這個習慣。」這位候選人接著說，「我在我老闆面前掩飾這個弱點已經好幾年了，不過，我的確也曾經私下找過教練來糾正我這個習慣。」即使這種引人注目的自白相當與眾不同，主管智商評估工具還是一貫地提供有關領導者能力的珍貴看法。

第十五章摘要

◎訓練有素的面談主持者，能提出主管智商評量工具所運用的現實工作情境問題。

◎這些問題本身不能暗示受試者在回答時需要運用哪些技能，如果要每個問題都獲得最好的回答，必須由他們說出自己應用了哪些特別技能。

◎針對每個問題，受試者都必須分析情況，作出結論，證明自己的推理分析正確無誤。

◎透過運用各種工作情境及相關問題，將可具體評量出個人所有認知技能的實力程度。

◎主管智商評量工具不應只針對應徵者的最後答案進行評分，也要就他們作出結論的思考過程加以評估。

◎主管智商評量工具所提供的資料，完全有別於其他普遍使用的評估工具，像是「過去行爲面談」、智商測驗或人格特質評估工具等。

◎研究證實經由主管智商評量工具所得的評分，是主管成功的最佳預測指標。

16
學習之路

藉由訓練提高主管智商

主管智商能否教導？答案是肯定的。

就像任何系列的技能，都可以學習、演練和改善。

培育發展主管智商，

是以小組討論的對話型式，

針對每個情境進行批判性思考的訓練。

唯有這樣不斷發展主管智商，

才能在工作犯錯之前，就預料到事情可能的結果，

從而避免犯錯，得到優於同儕的績效表現。

主管智商能否教導？答案是肯定的。就像任何系列的技能，都可以學習、演練和改善。即使大多研究調查指出「基因影響因素」決定了大概約百分之五十的個人智力，不過，這也就是說，個人智力還有極大的後天改進空間。也有證據顯示訓練良好的思考能力，擁有十分正面永恆的效果。

到目前爲止，一個引人注目的改善認知能力研究報告，是由美國哈佛大學教授理查・赫恩斯坦（Richard Hernstein）及其研究夥伴所提出，他們針對八百九十五名委內瑞拉的七年級學生，展開爲期一年的研究調查。爲了確立各種基礎技能，這些學生接受各種早已普遍使用的智商測驗，例如歐蒂斯－來諾學校能力測驗（Otis-Lennon School Ability Test，OLSAT）和一般能力測驗（General Abilities Test，GAT）等。然後根據學生智商測驗的同級成績分爲兩個組別。

其中一組爲「控制」小組（control），指定授與標準學習課程；另一組則爲「實驗」小組（experimental），除了接受標準學習課程外，也提供相關的特別附加訓練，幫助他們發展推理、解決問題和決策等能力。赫恩斯坦教授對這個附加訓練作出以下說明：「輔助訓練的焦點，是在於將認知技能獨立運用在主要學科以外的學習與智商表現上，而不是平常一般的學術內容。」換句話說，赫恩斯坦盡全力教導那些學童如何去思考。這個課程也讓學生與老師之間產生緊密互動。這有別於傳統消極被動的課室教學角色，「實驗」小組的學生被鼓勵不斷向老師提出意見回饋，他們參與更多的資訊意見交流，成爲一種互動溝通的對話型式，而不只是去上一堂講師的課而已。

在爲期一年的訓練課程結束時，兩個小組再次接受認知技能的測驗。就平均來說，「實驗」小組在接受訓練後的成績顯著增加，而「控制」小組的得分則大多沒有改變。例如，「控制」小組成員在接受訓練前的智商測驗成績只有五十分，而在訓練後的智商測驗得分也停留在五十分上。相對的，「實驗」小組成員在接受特別訓練前的智商測驗成績也只有五十分，但在特別訓練後的智商測驗得分卻進步到六十四分。這種顯著的成果出現在各種智力測驗上，不論它的測驗科目是字彙、數學或推理。

另一份研究報告是由澳洲墨爾本大學教授提姆·凡·吉爾德（Tim van Gelder）和梅蘭妮·比塞特（Melanie Bissett）與澳洲拉托貝大學教授喬夫·康鳴（Geoff Cumming）共同提出。他們針對一百四十六名學生進行爲期一個學期的特別訓練課程，以改善他們的認知技能。在一系列解決問題的練習當中，都給予每一位學生個別指導，就他們決策過程的每一個步驟提出具體意見。在他們接受過這個特別訓練課程後，幾乎全部學生的思考力皆獲得重大改善。事實上，這些學生剛開始接受這項訓練課程時，在各項標準化的智商測驗裡，平均得分只有五十分，但在課程結束後的智商測驗成績則大幅躍升到七十九分。

一般來說，我們十分清楚基因特質確實會對個人智力造成部分影響，但是大多數人卻沒有把自己的智商發揮到極致。正如以上這些研究報告證實，透過適當訓練，大部分人在達到自己認知的極限之前，尚有很大的改善空間。然而，爲什麼以上這些改善認知技能方法早已存在，但是大部分普遍受過良好教育的主管卻很少接觸過這領域？答案是在於傳統的教育方法根本就沒有發展這項熟練敏銳的思考力。

每一位學生從年輕時代開始，只接受基本學科知識，沒有接受過任何思考技能的訓練。許多研究調查指出大部分教室內的問題都只重死記硬背的學習型式。換句話說，在學生認知技能發展形成最重要的黃金時期，他們竟幾乎傾盡全力把時間花在那些記背「各種事實」而已。雖然不少研究報告也指出，透過適當訓練能有效改善推理能力，但是學生難得有挑戰這個思考能力的機會。

其中一個典型例子是高中歷史老師和班上學生的對話。通常老師可能這樣問：「造成美國獨立革命戰爭的導火線有哪些重大事件，它們是在何時發生的？」這時學生便會回答「一九七五年的印花稅法」或「一七六七年的湯森條例」又或是「一七七三年波士頓茶黨案」，這些答案都會獲得老師的讚美。接下來，老師一個最常見的問題可能是，「印花稅法指的是什麼？」而學生就會這樣回答，「該法案是英國議會在一七六五年十一月正式通過，它勒令當時仍是英國殖民地的美國在所有報章叢書和公共或立法文案上必須貼上英國印花稅票，而這些稅票必須花錢購買。」學生詳細說出這個事件，便會再一次得到老師的誇獎。

此時，若要挑戰學生的思考能力，就必須採用一個截然不同的對話方法。這時老師必須集中焦點在學生的認知技能，他可以先問學生原來的問題：「造成美國獨立革命戰爭的導火線有哪些重大事件？」但接下來的問題就應該著重於啓發學生思考，像是「這些重大事件有什麼共同之處？」或「這些重大事件如何左右了美國政府所採取的最終行動？」

無可否認，雖然歷史、英文或化學的基礎知識十分重要，但是只教導課文內容，並無法提供個人對現實生活或工作有幫助的思考技能。例如，雖然熟記元素週期表有助化學家在研究工作中不用再花時間去查閱，然而唯有對這些元素資料進一步做深思熟慮的、富有創意的運用，才能使化學家獲得重大新發現。

傳統教學方法傾向教導學生只重記憶內容，而非訓練學生有技巧地面對以及處理相關資料。許多研究報告也顯示，通常老師要求學生回答問題前，只會給學生很少時間去思考，或者等都不等就轉問其他學生去了。這無法讓參與者有時間做出必要的深思熟慮，而深思熟慮本來就是發展思考力的最關鍵所在。學生必須儘快對問題作出回應，根本不可能展現出自己是否有超越死記知識的能力。更值得關注的是，給學生回答的時間是多是少，對他們的思考能力和教室中的思想氛圍將會造成十分明顯的差異。最後結果是他們只能對自己所研讀的學科透徹理解而已。新科技管理公司執行長東就進一步解釋，今日學校教育系統的成功與否，和一個人思考能力的熟練度幾乎是絲毫無關：

「爲什麼畢業生常常無法把自己在學校中的優異表現，轉移到企業領導力上？事實上，學校成績跟企業表現根本就是兩回事。因爲在班上取得A評等的人，和他是否有能力去思考並沒有太大關連。而成績A級的人，往往也只是最有能力去死記硬背老師說過的每句話。這時老師會誇耀說，『這個學生眞的有聽懂我在說什麼，她證明了自己已完全吸收我所教過的學術知識。』而所有學生該做的也不過是重複說一遍老師曾告訴他們的事物而已。相對的，你在企業界卻像是到了一個不熟悉的全新領域，這時你必須有思考能力，好好爲自己設身處地想一想。」

但很不幸的，以當今成年人來說，根本不曾接受過任何類似這種訓練。儘管已有許多年就學生涯，可是他們卻沒有發展過自己在工作上所需的思考技能。事實上，這種情況也會持續下去。長久以來這些人早已習以爲常，只根據自己腦海中的印象，便針對問題作出立即回應。當他們踏進職場時，就發現到自己面對周遭複雜又不斷變化的環境，並沒有做好準備。這就好比是某人每日都在爲準備馬拉松比賽進行練習，但當他到達起跑線時，才發現到那竟然是一項越野車比賽。

教導個人如何熟練思考是需要時間、努力和決心的。必須強迫學生去做更多有別於背誦知識的練習。美國加州州立大學聖伯納丁諾分校心理學教授黛安・賀爾本（Diane Halpern）在針對以上這個現象進行研究之後，指出它的難度有多高。「信念必須是經過多年時間逐漸建構而成，而個人的心智習性也須伴隨發展，進而獲得豐富的學習經驗，在行之有年及再三確立後，舊有思維才能成功被這世界的新思考方式和新知識事實所取代。」擁有法律學士學位的時代華納執行長帕森斯，認爲法律訓練可以在改善思考技能上提供一些解答：

「法律學院的訓練完全有別於企管學院或其他學院。它的焦點集中在進行全面思考，讓你能夠把複雜棘手的問題轉變成可駕馭和可化解的事物。這賦予你有能力去了解某些看似難以應付的事情。這些技巧不只適用於法律，也合乎企業的需要，因為在企業中，各種問題通常都是多方面和多層次的。法律學院的訓練有助你改善思考技能去解決這類問題。」

任何一位法律系學生都會告訴你，他們在入學第一年便面臨到人生至今最大的困難，因為他們被迫要用全新視野去面對問題。同樣的，教導主管智商的目標就是要幫助人們打破原來早已根深柢固、行之有年的思考習慣。改善個人的主管智商是一種近乎苛求、持續進行的過程，它需要當事人主動積極、熱情投入的參與和討論。

其實最有效實現這個目標的方法，就類似法律學院採用的「蘇格拉底式詰問教學法」，它需要每位參與者進行對話，在任何時刻都能對先前的評論提出批判，或使討論進入另一個新階段。在這個意見表達和作出批判的循環裡，有助學生對議題充分回應——而這就是他們學習認知技能的方法。個人愈強迫自己用語言表達自己的想法、回應他人的批評，就愈能在這個過程中得到重大收穫。哈佛商學院資深講師，美國艾睿電子公司前執行長卡夫曼解釋：

「當碰到發展思考技能這項議題時，你必須透過『討論』而非『上課』的方式去面對它。

在討論模式裡，人們可以藉著激烈討論來探求事實根由。而他們也必須在一個安全的環境下積極演練或犯錯。

許多人都相信唯一能夠改善自己技能的方法，就是面對自己在實際工作中所犯下的錯誤。然而，這是一個令人遺憾的結論，因爲這是假定沒有哪一種可行的教導模式，能夠透過改善人們決策技能而減少錯誤。事實上根本不是這麼回事。」

那麼主管智商學習訓練看起來會是什麼？某種程度上，它跟主管智商評估過程所依賴的職場情境分析有些類似。這需要一位擔負重要仲裁責任的仲裁者（moderator）——他必然是一位十分老練的思想家——可以提出一個現實的難題，透過對話引導出參與者的具體回應。因爲這種練習的大部分價值，是來自於學生主動積極的參與，所以由學生組成的小組最好不要超過五個人。在討論當中，仲裁者可以任意要求學生回應任何問題，迫使學生全程高度參與，爲的是避免他進度落後或錯失重點。類似這種注意力高度集中的訓練，是建立認知技能的必要條件，這就像是想要打造出渾身強壯的肌肉，就必須密集運動訓練一樣。

設計出一種情境，去改善有關他人的重大認知技能，尤其是對特別行動所造成的可能後果和可能情緒反應的練習。這時仲裁者可能提出以下這個情境：

「你是一家市場研究公司總裁，你正向客户公司執行長和經營團隊提出他們某項新商品的深入分析報告。正當你要開始簡報時，該公司執行長便先行提出手中的報告資料出現某項錯誤，而且這錯誤遍及整份報告，它應該是你的工作團隊早就必須注意到的錯誤。但很慶幸的是，這只是個小錯誤，並沒有影響你在報告中的任何結論。

你就此作出道歉，也負起必要責任，而且向你的客戶保證在報告中的數據資料和討論重點都不會因此而改變，然後你繼續進行報告。

過了幾分鐘，當與會成員隨著你的報告逐頁翻閱報告，再度發現這項錯誤時，執行長很不耐煩的批評說，『這錯誤竟然又發生了』，只見他不斷搖頭嘆息，注視每位與會成員。

這時你再度表示歉意，指出它只是打字的問題，和前面出現的錯誤是完全一樣的，而且你也表示該錯誤在這份報告將會出現許多次。你再一次強調即使有這個錯誤，是絕對不會影響這份報告的結論，也不會影響今日要討論的重點。

在你接下來的簡報中，你注意到那位執行長不斷翻閱整份報告，搖頭歎息和不時向坐在他旁邊的人指出同樣錯誤。面對這個情況，你會怎樣做？」

仲裁者會對某位學生說，「傑瑞，你會怎樣處理這個情況？」

傑瑞回應說，「我會完全不理會這種干擾，繼續我的簡報。希望他的煩惱會過去，而我們的會議也可以繼續開下去。」

仲裁者：「爲什麼你會這樣做？」

傑瑞：「他只不過是發發牢騷而已，不會持續很久的。身爲顧問，你就得容忍這種不愉快場合。」

我們必須體認到傑瑞這樣做，是無法預料得到在錯誤一再發生的情境中，個人的可能情緒反應，這時仲裁者便作出以下回應，「傑瑞，你早已二度承認在報告中的這項錯誤，也二度表示歉意。看來，現在這位執行長的不耐煩已逐漸增加。他這種反應怎麼可能會很快就過去呢？」

接著仲裁者轉身向另一位學生問道，「丹妮絲，你對傑瑞的做法有什麼看法？你也會這樣做嗎？」

丹妮絲回應說，「我想傑瑞是希望那位執行長接下來會恢復理性。因爲他先前的行爲已展現不理性，所以他應該會對自己不耐煩的做法作出修正。至於我會怎樣做，我會向與會成員建議不妨把會議延期，擇日再開會討論，以便我們可以修改報告中的錯誤，從而避開不必要的困擾。」

仲裁者認爲雖然丹妮絲作出進一步分析，但是她仍然沒有考慮到自己提出的解決方案可能引起什麼意外的後果跟問題。仲裁者解釋說，「丹妮絲，你的觀察很有趣。我們必須假定執行長不耐煩的行爲只會愈來愈嚴重，妳不能等閒視之，認爲他的不耐煩終將過去。而妳選擇去直接回應他的煩惱，看起來也挺適當。只不過，爲什麼你會建議會議擇期再開呢？」

丹妮絲：「那個小錯誤竟然成爲一個嚴重困擾。這已經有足夠理由不得不將會議延期，讓與會成員能更集中精神，把事情做好。」

仲裁者：「沒錯，這個會議的確已被嚴重干擾。可是把會議延期眞的有此必要嗎？再說，這樣做又會帶來哪些問題呢？」

接著仲裁者便向另一位學生問道，「理查，你對丹妮絲的做法，感覺如何？」

理查：「嗯，丹妮絲這樣做看起來多少都可以防止這個困擾情況繼續惡化下去。不過，會議延期卻無法儘快讓客戶得知自己的實際需求，我認爲這種情況是可以避免的。相對的，我會這樣對執行長說，『出現這項錯誤，我感到十分抱歉。因爲它可能會給我們造成十分嚴重的困擾。爲了修正這項錯誤，我們可以安排擇期再開一次會。但是，這項錯誤其實並不會對我們今日討論的事情造成任何影響，因此，你能否願意先把這問題放在一旁，好讓我們可以充分把握今天這個機會，向你報告你們公司必須掌握了解的相關資料？』」

理查清楚指出如何有技巧的處理複雜的人際關係問題。他透過同學們和仲裁者之間的對話，蒐集運用，從而得到一個具體的解決方案，讓自己在面對以上這個情境時，成功機會大爲增加。而上述這個情況，就是爲必須運用某些特別認知技能而精心設計的。這個做法可以確保學生們在奮力擬出理想解決方案中，能夠練習這些特別技能。藉著提供每位學生一個機會去解釋其他同學的想法，又該如何去改善，這都使他們可以從其中得到不少演練熟習這些技能的機會。

也即是說，一個人如果想要充分掌握某個主題，最好的方法就是對其他人講述或傳授這個主題。這是因爲有效的教導訓練不但必須具備清楚溝通議題的能力，而且更需要確認和修正誤解的能力。因此，要求每位學生對先前其他同學所提出的答案加以質疑批判，這便賦予了他們能同時扮演學生和老師這兩個角色的大好機會。

而且更重要的是，每一位學生都被迫面對自己想法的極限，同時也得挑戰其他人想法中的缺失。不久，這些學生便會十分熟練這些作業活動，最後也必能使自己的主管智商更爲銳利。

這些練習很明顯的需要仲裁者和參與者雙方的注意力高度集中，付出最大努力，藉著這種全力投入，一方面可以增進他們的認知技能，同時也可以讓其他人增益不少。如同本書在較早時提及,企業中每個職位都必須由擁有相當程度主管智商的人來擔任,這是絕對必要的。再說，這些擁有獨特主管智商的人，只有在他們身邊都是具有同樣實力的人時，他們才能物以類聚，出類拔萃。因此，當有足夠的員工參與這些訓練課程時，便會使這個建設性對話的習慣普及，而這種行爲就是主管智商的核心，它是可以被學習和模仿的，同時也必須遍及整個公司的每一位員工身上。最後這項散播是有助於各種職場決策品質的提昇。如同我們將會看到，以上這些演練，更有助於抗拒一般公司平庸衰退的下滑趨勢。

第十六章摘要

◎構成主管智商的各種認知技能，都是可以學習、演練和改善的。

◎研究證實，透過特別教育訓練，提供每位學生個別指導，就他們每個決策步驟提出具體回饋，將使他們的認知技能顯著增加。

◎學習如何使思考更熟練巧妙，是需要時間、努力和決心的，因爲我們必須對抗過去這麼多年以來，傳統教育所建立和強化的死記硬背、不重思考的陋習。

◎「蘇格拉底式詰問教學法」是培養主管智商最好的教學方法，但不同於法律學院沿用的方式。相對的，它需要採取小組型式，和一位訓練有素的主持人。

◎改進個人思考技能的最大報酬，整體而言，是對他的同事和公司帶來顯著和正面影響。

17

智者不敗

維持一個自我挑戰的思考系統

「一流好手可以招募到一流好手，
但二流人物只能找到三流人物。」
企業內每一個成員，上自老闆，下至基層，
都要不斷提昇自己，才能維持公司營運的高水平。

鐵人三項的比賽，須先進行一項長達二點四英哩的游泳項目，接著是一百一十二英哩騎腳踏車競賽，最後要完成二十六點二英哩的路跑。不管個人的游泳實力有多強，如果他們腳踏車騎不好，或路跑跑不快，便難逃失敗。因此，在進行鐵人三項的訓練時，就絕對不會讓只精於游泳的人，花更多訓練時間在游泳池上。雖然他們可以小幅增加自己游泳實力，可是在其他兩項競賽項目實力不足下，還是會遭受挫敗。所以當我們預測誰最有可能贏得比賽時，就不應該只看重他個人的游泳實力。

目前爲止，管理科學家仍然只計算工作績效其中一個項目：知識。這就像以上三項全能運動的案例，雖然他們認爲必須評估個人的全面整體實力，但實際上他們只針對游泳成績這一項而已。無疑一位游泳好手，和能否贏得三項全能運動絕對有關，然而沒有把其他兩項比賽實力計算在內是不夠的。同樣的，把知識看作主管績效表現一個重大要素，那也是絕對不夠的。智商在企業成功上也同樣扮演著重大的角色。忽視智商這項要素，必然會使我們的一切評估和訓練的努力，變得不集中和不完全。

本書就是試圖把主管的「精力充沛」清楚演繹成各項構成要素，並把焦點集中在過去一直以來我們完全忽視的基礎技能上。透過逐步建構管理科學一個意義深遠的發現（即認知特性，或稱智商，對經營管理能力具有巨大影響），我們可以對主管智商給予它應有的關注，同時充分利用它的價值。

就像一般的生意人一樣，管理科學家也必須創造出令人振奮的新商品，提供客戶花費購買。在這種滿腔熱誠的狀況下大量生產新商品，他們便無法明確指出知識和智商之間的顯著差異。結果是他們所提供的服務只強調知識，不論在評估或訓練上都一樣。由於他們把全副精神都投入發展知識領域，所以時間也就全部都花在這上面。但是不管主管學識多麼淵博，如果沒有那些認知特性（即智商），他們就無法有技巧的充分運用自己的知識長才。這並不是說我們不再去評估個人的知識，相對的我們也應該開始去評估個人的智商了。

近百年來，學習智商已被證明對經營管理的成功具有實質影響力。無可否認，認知技能大部分解釋了主管表現將會有多好。然而，直到目前還是沒有人提出一個特別針對企業的智商理論，導致目前仍然無法評估或發展直接影響領導力的認知技能。時至今日，隨著我們已認知到主管智商的存在，終於使我們擁有一些評量方法，確認公司決策者擁有豐富的認知技能，可以作出最好的決策。

不過，主管智商並不只是作爲評估個人的工具。這些認知技能的形成，對公司的成功十分重要，它必須深植在公司每一個人事層級之中，透過不斷盡心盡力在員工聘雇、昇遷和訓練上加以落實。我們必須把這些認知技能視爲理所當然，推想這些主管早已對它們十分嫻熟，而且也會終其一生伴隨著他們的職業生涯。然而這項假設並不確實；因爲有許多主管從未受過嚴格訓練，對這些認知技能也就不可能會熟練，同時也不會持續都擁有這個實力。不但如此，如果他們沒有常加以練習的話，這些認知技能更會被侵蝕弱化。爲了確保公司整體智商表現水平是向上發展，我們必須讓自己和員工好好學習培育主管智商。這樣做也將會得到巨大回報：它將加速決定公司是往上提昇抑或向下沉淪。

過去人們會把公司組織比做是一個生命，它必然會經歷誕生、成長、老化，最終走向死亡，人們認爲這個自然法則是不可避免的。但是公司衰敗並非無法避免。事實上，每一家公司都會經歷艱困時刻，有時可能是一個月，有時長達一年或更久。如果這些麻煩眞的十分棘手，說不定公司就這樣毀了。可是每一家公司都會碰到同樣問題，這些爭鬥也不盡然會使公司走向衰敗。因爲我們可以頑強抵抗一切障礙難阻，也可以縮短艱困的時刻。一切導致公司積弱不振或重大挫敗的原因，是可以完全中止或防範的。它不同於有機生命的循環周期，沒有任何企業終究必定走向衰弱頹敗的宿命。

在經營管理研究文獻中，衆所周知的觀點之一就是公司的成功仰賴員工的素質。因此，沒有其他原因造成企業衰落或挫敗，會比員工素質低落來得嚴重，換句話說，員工素質低才是導致企業失敗的主要因素。美國艾睿電子公司前執行長卡夫曼解釋：

「公司成長最大的難題是當它們組織愈來愈大時，便會走進平庸的光景裡。因爲這時它們很難再找到、也很難再保有傑出人才。事實上人才眞的難求。

因此，我們也很難招募到足夠人才供五百個職位空缺所用，無可避免的他們大多數人也不是一流好手。而這就是你的公司開始衰落的原因。有一句老生常談說得一點也沒錯：『一流好手可以招募到一流好手，但二流人物卻只能找到三流人物。』不久你的公司便會充斥著

二、三流的員工，同時整個公司也開始受到他們的支配和影響。在這些人裡面，大部分都沒有足夠的認知技能水平，能夠符合或滿足你的實際需求，而且公司重大事務都是由這些超出自己能力範圍以外的人在支配處理。接下來的問題就是，這些認知技能不足的員工愈來愈多，遍布公司各個部門，而他們所產生的負面影響力，也凌駕在你公司的核心價值之上。」

這番話幫助我們了解爲什麼有許多公司在發展成長時，必須面對墮入平庸光景之中。不過，一旦你明白到造成公司衰弱，眞正原因是來自員工素質這個問題時，就必須斷然採取必要措施，防範這個情況發生。卡夫曼認爲，如果你的公司能夠維持高素質的員工，公司走向衰敗不見得無法避免。

「教會暨杜懷特國際製造商」也證明了上述此言不假。該公司成立於一八四六年，商品服務呈多元化發展，其中包括鐵鎚牌（Arm & Hammer）小蘇打粉、牙膏、淸潔劑和商用淸潔及寵物用品等。這家老公司曾在一九九〇年初期遭到重大衝擊，因爲它面臨到原來運作良好的決策系統突然失靈的困境。一九九五年起出任該公司執行長的戴維斯回憶：

「一九九〇年代初期，我們公司開始遭遇到重大麻煩。由於競爭同業爭相研發出嶄新商品，使得公司洗衣粉業績下滑。那時公司另一項擁有傲人業績的生產線：即鐵鎚牌牙膏，也同步出現明顯衰退。隨著洗衣粉和牙膏銷售業績下降，公司在一九九三和九四年的總營收下跌，獲利大不如前。而公司的股價也由每股三十二美元跌至十九美元。

雖然我早在一九六九年加入公司，占據了我大半的工作生涯，但是我還是在一九八四年轉業，離開這家公司，追求另一個理想目標。不過，當公司面臨棘手問題時，他們要求我回任公司顧問，協助公司弄清楚爲什麼會發生這些問題。

我仍然記得回到公司上班時的情境。我看到辦公室窗外有一大塊花崗岩石碑，上面嵌了一塊寫上有關『品質』重要性的文句，它的高尚情操不難理解。這句話來自一位名叫菲利普·克羅斯比（Philip Crosby）的公司顧問，也就是《品質是免費的》一書的作者。但是公司中卻流傳這樣一個笑話，『雖然品質是免費的，但克羅斯比的顧問費卻挺昂貴的。』

當我看到品質碑和聽聞公司聘用外部顧問時，我以爲公司在改善商品品質上總該有些進展。不過事實上他們卻做了許多錯誤的決策，於是我開始懷疑，公司過去的決策品質，是否達到品質控管的要求？畢竟決策的好壞是公司成功與否的決定性因素。

以下就是一個活生生的例子。我們公司在一九九〇年代剛開始時，公司業績蒸蒸日上，原因是一九八八年推出的小蘇打粉牙膏受到熱烈歡迎，因爲當時並沒有其他競爭對手，直到一九九〇年初期高露潔牙膏才推出同類型商品。到了一九九二年，我們鐵鎚牌牙膏的市場占有率達到百分之十，營業總額高達十六億美元——同時也成爲公司炙手可熱的商品。不過，一九九三年各式各樣小蘇打粉牙膏在市面上相繼推出，讓公司這項商品受到嚴重挑戰，使它的業績明顯下降。

我對公司爲什麼對這些競爭對手竟然毫無準備感到十分好奇。當我發現到以下這個事實時，更感到相當震驚，因爲他們認爲，既然公司小蘇打粉牙膏的業績表現已優於高露潔公司這個唯一的競爭對手，那麼，公司無疑已完全主導了整個牙膏市場。同時他們也認定公司的牙膏市場占有率成長腳步絕對不會停下來，而這項假設所帶來的後果是公司不斷投入龐大資金積極擴產，這一切都因爲他們判斷這項商品市場勢必持續成長，獲利驚人。

可是在轉瞬之間，一九九三年大量同類型商品進入市場，而那些公司也視這項商品爲主力商品。這些新的競爭對手不同於高露潔公司，它們所推出的是經過創新改良的同類型商品，其中以美國曼塔定公司（Mentadent）爲最，從而在頃刻間導致整個市場風雲變色，公司獨領風騷的優勢不再。在當時我們公司只認爲高露潔公司同類型牙膏的業績狀況平平，所以應該不會有其他公司有興趣投入這個市場。

在認定其他公司對這項商品不感興趣、不會貿然投入市場的前提下，便將它們完全排除在外。而另一個原因也可能是擁有小蘇打粉製造專利的只有二家公司，即我們和高露潔公司，而一般預料高露潔的專利權將在一九九三年期滿。因此，這就更有恃無恐，更有理由相信公司將充分掌控這個商品市場了。

這項核心商品有著那樣可預見的巨大變化，而公司竟然全都無法預料到，這讓我感到十分挫折。而這個重大失策也可能對這家已創立一百五十年的公司帶來生死存亡的嚴重威脅。

我很快的就弄清楚，那是這家公司早已普遍存在的結構性問題。他們失去了自己最基本的優勢，一項公司已延續了一百五十年的傳統——敏銳、精確的決策。

我本身是個強烈奉行智商思考主張的人。比方說，在亨利方達領銜主演的電影『十二怒漢』中，陪審團只經過十分鐘的討論，其中十一個成員便一致判決一名年輕男子謀殺罪名確立，判了他死刑。但當時還是有一名陪審團成員，即方達主演的角色，卻堅持在沒有更明確的證據之下，不應立即作出這項結論。於是他們便開始研究和審閱一切有關資料，最後才確定該名年輕人根本不可能涉入這個罪案中。

後來在我獲邀出任這家公司執行長時，第一件事要做的就是重拾已經失去的嚴格決策品質。我強烈相信唯有放下身段，積極面對手中問題，盡全力得到好的解決方案。我相信如果你立定主意，只要付出努力，透過嚴格分析和積極討論——這些都是形成好決策的要件——便足以獲得事實眞相。如果你希望自己公司能夠確保這個敏銳度，就必須不斷加以演練和強化這個決策技能。而這也正是矯正公司過去重大錯誤的主要做法。」

戴維斯發現到解決「教會暨杜懷特國際製造商」的問題，必須恢復原來的企業環境，需要公司每一位員工提昇自己的推理能力和決策品質。如果一家公司希望維持這個高水平，也必須持之以恆，不斷付出最大努力。而且只要全面落實這個做法，公司的決策不管在任何時候也必能維持良好品質。這個定律更被以下的事實所印證，即該公司在一九九五年到二〇〇四年的短短十年間，成爲創辦一百五十年來最賺錢的黃金時期，而它在美國標準普爾五百指數的表現更翻漲了近三倍多。

「教會暨杜懷特國際製造商」案例，證明了公司的生命周期是無法預知的；它必須持之以恆，繼續努力維繫或者恢復擁有正確決策的企業文化。不過，維持這個環境並不容易。事實上，要求成就不凡的公司作出這種努力是加倍困難的，因爲成功的公司通常都有自滿的傾向，從而造成即使是最好的領袖或公司，也會墮入平庸境界之中。世界上最受讚美和尊崇的執行長之一，契爾茲便對成功本身是如何處處和你作對，做出以下解釋：

「由於我過去實在眞的太成功，現在即使我吹牛瞎說，人們不但不會不以爲然，甚至還會認同我的看法。一旦你獲得受人肯定的重大成就或擁有一定的知名度時，人們便會開始認爲你所説的都是對的。因此，他們不會質疑你所做的一切。也因此，你必須強迫自己和圍繞在你身邊的人都要嚴守紀律，同時也要切記時時對自己所說的話提出質疑批判，因爲草率馬虎往往會很容易成爲習慣。

當你沒法充分獲得他人的良好意見和建言，只憑過去的成功經驗來經營公司時，必然落得失敗收場。所以你不應只重複以往曾做過的事，否則這便會造成你的公司不進反退和過於自滿。爲了防範這個情況發生，我採取一項客觀的評估策略，而它也是一個十分重紀律的方法，那就是：自己必須經常要求員工作出誠實和建設性的回應。」

契爾茲所說的就是，領導者必須維持一個能常常挑戰自己想法的系統。我們獲得成功經驗後，便會愈來愈依賴這類過去的成功想法和做法。例如，經驗豐富的高階經理人通常都相信他們自己閱歷不凡，舉一反三，而且他們也相信自己過去的成功作爲，可以反覆持續下去。就在這個時候，他們便不再用心思考，也開始不斷把過去的知識重複引用在今日工作之中。正如契爾茲指出，個人必須維持謙卑的態度，時常用全新視野、嚴格分析檢視當前每一個情況，並珍惜尊重來自你的同事和部屬坦誠的意見回饋。一位領導者必須不斷想出一些新事物、新策略·，換句話說，他們必須持之以恆的演練和發揮自己的主管智商。

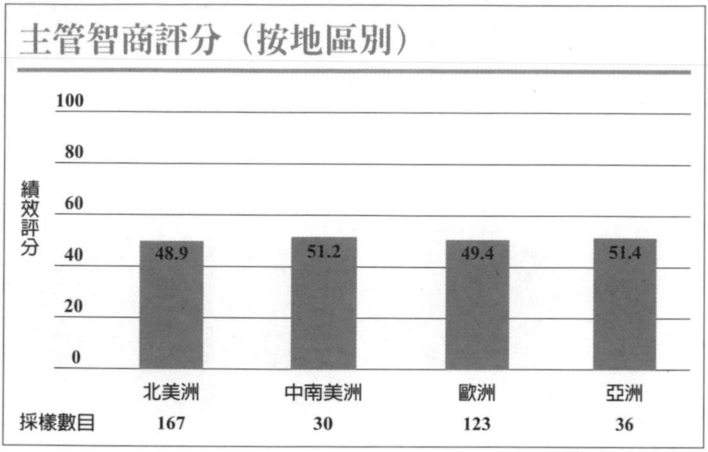

來自四大洲的三百五十六位主管，接受主管智商評量工具的評估。針對每個地理區域主管智商的平均得分，與其它組別進行比較。上圖可以得知，各組別之間的平均得分沒有明顯差異。（資料來源：主管智商顧問公司，二〇〇五年）

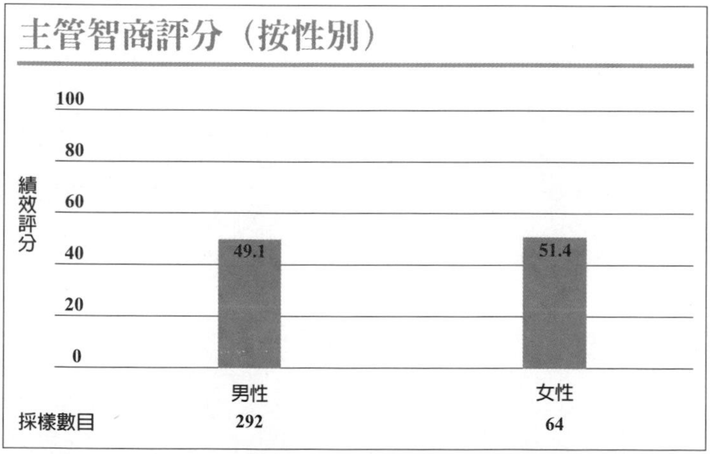

三百五十六位主管分成男女兩個組別，接受主管智商評量工具的評估。針對每個性別的主管智商平均得分，與另一個組別進行比較。上圖可以得知，兩個組別之間的平均得分沒有明顯差異。（資料來源：主管智商顧問公司，二〇〇五年）

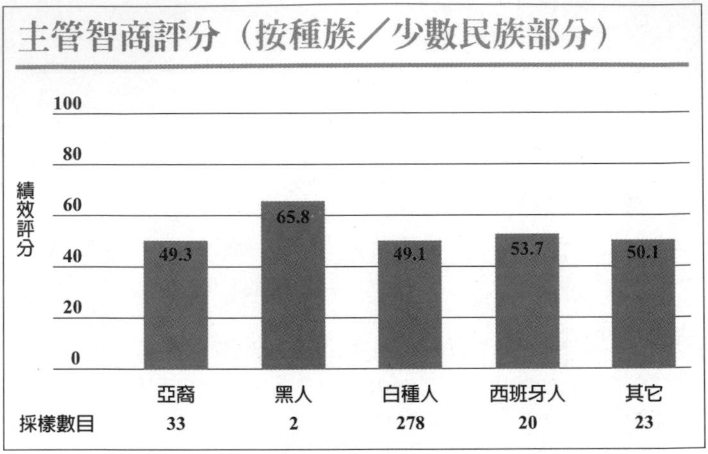

來自五大種族的三百五十六位主管，接受主管智商評量工具的評估。針對每一個種族的主管智商平均得分，與其它種族進行比較。上圖可以得知，各種族之間的平均得分沒有明顯差異。（資料來源：主管智商顧問公司，二〇〇五年）

參考文獻及書目

《汪德利克人事測驗使用者手冊》（*Wonderlic Personnel Test Users Manual*），汪德利克公司，二〇〇〇年。

〈紅十字會的燙手山芋〉（Red Cross Caught Red-Handed），華盛頓時報，二〇〇一年十一月十三日。

〈紅十字會堅持九一一捐款沒錯〉（Red Cross Defends Handling of Sept.11 Donations），美國有線電視新聞網，二〇〇一年十一月六日。

丹尼爾・艾森伯格（Daniel Isenberg），〈思考與管理：經營管理問題解決的調查與分析〉（Thinking and Managing: A Verbal Protocol Analysis of Managerial Problem Solving），管理期刊學報第二九期第四卷（一九八六）：第七七五－七八八頁。

丹尼爾・艾森伯格（Daniel Isenberg），〈資深主管如何思考〉（How Senior Managers Think），哈佛商業評論一九八四年十一－十二月號。

丹尼爾・高曼（Daniel Goleman），《EQ》。時報，一九九六年。

丹尼爾・高曼、理查・波雅齊斯（Richard Boyatzis）和安妮・麥基（Annie McKee），《打造新領導人》。聯經，二〇〇二年。

卡特妮娜·布魯克（Katrina Brooker），〈詹姆·契爾茲—難纏的老派人物〉（Jim Kilts Is an Old-School Curmudgeon），財星雜誌二〇〇二年十二月三〇日，頁三。

史丹利·霍姆（Stanley Holmes），〈波音發生什麼事〉，商業周刊二〇〇三年十二月十五日；〈二〇〇三年表現最糟的經理人〉，商業周刊二〇〇四年一月十二日。

史考特（W. D. Scott），〈銷售人員科學化評選〉（Scientific Selection of Salesman），廣告與銷售雜誌一九一五年十月號。

史考特，〈運用量化工具評選員工〉（Selection of Employees by Means of Quantitative Determinations），美國政治社會科學學術年刊第六五期、一九一六年。

史考特、賓翰姆（W. V. Bingham）和惠普爾（G. M. Whipple），〈銷售人員的科學化評選〉（Scientific Selection of Salesman），銷售人員雜誌第四期（一九一六年）：第一〇六—一〇八頁。

史提芬·塞加洛（Stephen J. Zaccaro）、珍妮爾·吉爾伯特（Janelle A. Gilbert）、寇克·托爾（Kirk K. Thor）和麥可·曼福德（Micheal D. Mumford），〈領導力和社會智商：把社會期望和行為應變力連結到領導效能上〉（Leadership and Social Intelligence: Linking Social Perspectives and Behavioral Flexibility to Leader Effectiveness），領導力季刊第二期第四卷（一九九一年冬季號）：第三一七—三四二頁。

史提芬·霍克（Stephen Hoch），〈結合直覺與模型以改善決策品質〉（Combining Models

with Intuition to Improve Decision），摘自《華頓商學院決策研究》，史提芬・霍克和霍華・康如瑟（Howard Kunreuther）等著，約翰威立父子出版公司、二〇〇一年。

布魯斯・奥佛李歐（Bruce J. Avolio）和伯納德・貝斯（Bernard M. Bass），〈從不同層次分析檢視個人思考：針對評量轉換型領導散播的多層次架構〉（Individual Consideration Viewed at Multiple Levels of Analysis: A Multi-level Framework for Examining the Diffusion of Transformational Leadership），美國領導力季刊第六期第二卷（一九九五年夏季號）：第一九九–二一八頁。

伊恰克・阿迪茲（Ichak Adizes），《企業生命週期管理》（*Managing Corporate Lifecycles*），阿迪茲出版社、二〇〇四年。

伊恩・米特羅夫（Ian Mitroff），《瘋狂時代的明智思考》（*Smart Thinking for Crazy Times*），貝瑞特科勒出版社、一九九八年。

朱莉・克雷斯韋爾（Julie Creswell），〈波音唬弄國防部〉，財星雜誌二〇〇四年四月五日。

米哈里・契克森米哈伊（Mihaly Csikszentmihalyi），《創造力》。時報、一九九九年。

艾力克・費雪（Alec Fisher）和麥可・斯克里文（Michael Scriven），《批判性思考》（*Critical Thinking*），尖瑞出版社、一九九七年。

艾力克・費雪，《批判性思考》，英國劍橋大學出版社、二〇〇一年。

艾格伯特・麥格遜（Egbert H. Magson），《我們如何判斷智商》（*How We Judge Intelligen-*

ce），英國劍橋大學出版社，一九一四年。

艾德恩・博林（Edwin Boring），〈以智商等評估工具去測量它〉（Intelligence As The Tests Test It），新共和雜誌一九二三年六月六日，第三五頁。

亨利・明茲柏格（Henry Mintzberg），《明茲柏格談管理》（*Mintzberg on Management*），自由出版社，一九八九年。

亨利・明茲柏格，《管理工作的本質》（*The Nature of Managerial Work*），哈珀柯林斯出版公司，一九七三年。

克里夫・莫托斯（Clifford Mottaz），〈內在與外在報酬對於工作滿意度的相對重要性〉（The Relative Importance of Intrinsic and Extrinsic Rewards as Determinants of Work Satisfaction），社會學季刊第二六期第三卷（一九八五年秋季）：第三六五—三八五頁。

克里斯汀・菲利普高華斯基（Kristen Philipkowski），〈幹細胞科學的時代來臨了〉（Show Time for Stemcell Science），連線新聞二〇〇四年十一月十日。

克里斯多福・希爾夫（Christopher Cerf）和維克多爾・納瓦斯基（Victor Navasky），《專家開講》（*The Experts Speak*），藍燈書屋，一九九八年。

汪德利克（E. F. Wonderlic），〈改進面談工具〉（Improving Interview Technique），美國人事期刊第一八期（一九四二年）：第二三二頁。

亞倫・賀夫肯特（Allen I. Huffcutt）、菲利普・羅斯（Philip L. Roth）、麥可・麥丹尼爾

（Michael A. McDaniel），〈在聘僱面談中認知能力的後設分析調查：對遞增效度的穩健特性和涵義〉（A Meta-analytic Investigation of Cognitive Ability in Employment Interview Evaluation: Moderating Characteristics and Implication for Incremental Validity），美國應用心理期刊第八一期第五卷（一九九六年十月）：第四五九—四七三頁。

亞歷斯·泰萊三世（Alex Taylor III），〈通用汽車否極泰來〉，財星雜誌二〇〇二年三月八日。

彼得·杜拉克，《下一個社會》。商周，二〇〇二年。

彼得·杜拉克，《彼得·杜拉克的管理聖經》。遠流，二〇〇四年。

彼得·杜拉克，〈新生產力挑戰〉（The New Productivity Challenge），哈佛商業評論二〇〇一年十一月。

彼得·拜斯奧（Peter Bycio）、肯尼夫·艾佛列斯（Kenneth Alvares）和茱·漢恩（June Hahn），〈評量中心評比中的特殊情形：確定性要素分析〉（Situation Specificity in Assessment Center Ratings: A Confirmatory Factor Analysis），美國應用心理期刊第七二期（一九八七年）：第四六三—四七四頁。

彼得·沙拉維（Peter Salovey）和大衛·皮薩羅（David Pizarro），〈情緒智商的價值〉（The Value of Emotional Intelligence），摘自《智商模式》（*Models of Intelligence*），美國心理學會期刊二〇〇三年。

彼得・聖吉，《第五項修練》。天下文化，一九九四年。

拉凱許・古拉納（Rakesh Khurana），《尋找企業救星：無理性的追尋魅力型執行長》（*Searching for a Corporate Savior: The Irrational Quest for Charismatic CEOs*），普林斯頓大學出版社，二〇〇〇年。

昆恩・史比哲（Quinn Spitzer）和朗・艾凡司（Ron Evans），《贏家管理思維》（*Heads You Win*），賽門舒斯特出版社，一九九七年。

杰夫瑞・科爾文（Geoffry Colvin），〈樂柏美如何走向失敗〉，財星雜誌一九九八年十一月三日。

法蘭克・舒密特（Frank Schmidt）和約翰・杭特（John Hunter），〈職場世界中的一般心智能力：職業獲得和工作績效〉（General Mental Ability in the World of Work: Occupational Attainment and Job Performance），美國人格暨社會心理學期刊第八六期第一卷（二〇〇四年）：一六二－一七三頁。

法蘭克・舒密特（Frank Schmidt）和約翰・杭特（John Hunter），〈心理學評選方法的有效性和實用性：八十五年來各種研究發現的理論和實務涵義〉，美國心理期刊第一二四期第二卷（一九九八）：頁二六四－二七四。

肯・理查遜（Ken Richardson），《創造智商》（*The Making of Intelligence*），哥倫比亞大學出版社，二〇〇〇年。

芝薩斯・沙加度（Jesus Salgado）、尼爾・安達遜（Neil Anderson）、西爾維婭・莫斯柯索（Silvia Moscoso）、克絲汀娜・貝卓亞（Cristina Bertua）、腓利普・佛特（Filip de Fruyt）和珍・皮耶・羅蘭（Jean Pierre Rolland）等，〈針對歐洲社會不同職業進行心智能力有效性後設分析〉（A Meta-analytic Study of General Mental Ability Validity for Different Occupations in the European Community），美國應用心理期刊第八八期（二〇〇三年）：第一〇六八－一〇八一頁。

芝薩斯・沙加度、尼爾・安達遜、西爾維婭・莫斯柯索，〈聘僱面談建構有效性的實用後設分析〉（Comprehensive Meta-analysis of the Construct Validity of the Employment Interview），歐洲工作和組織心理學期刊第一一期第三卷：第二九九－三二四頁。

阿莫斯・特佛斯基（Amos Tversky）和丹尼爾・凱尼曼（Daniel Kahneman），〈代表人物的判斷，和透過代表人物來判斷〉（Judgments of and by Representativeness），摘自《在不確定狀況下的判斷》（*Judgment Under Uncertainty*），一九八二年，第八四－九八頁，凱尼曼・保羅・斯洛維克（Kahneman Paul Slovic）和阿莫斯・特佛斯基等著。

柯林娜・高士邁特斯基（Corinne Kosmitzki）和奧利華・約翰（Oliver John），〈絕對運用社會智商的明確概念〉（The Implicit Use of Explicit Conceptions of Social Intelligence），個人差異期刊第一五期第一卷，一九九三年：第一一－一二三頁。

查克・泰萊（Chuck Taylor），〈波音惡耗〉，西雅圖周刊二〇〇三年十二月二日。

珍妮佛・帕爾特（Jennifer Palthe），〈評量報告：卓越評估工具的有效性和信賴度〉（Evaluation Report: The Validity and Reliability of Exl Assessment Instrument），美國西密西根大學評估中心，二〇〇四年二月，第九頁。

約瑟夫・費根三世（Joseph Fagan III）著，〈如同電腦處理器的智商理論〉（A Theory of Intelligence as Processing），心理學、公共政策和法律期刊第六期（二〇〇〇年）：第一六八頁。

約翰・杭特（John Hunter）和法蘭克・舒密特（Frank Schmidt），〈智商和工作績效〉（Intelligence and Job Performance），心理學、公共政策和法律期刊第二期（一九六六年）：第四四七—四七二頁。

約翰・杭特和榮達・杭特（Ronda Hunter），〈工作績效選擇性預測指標之有效性和實用性〉（Validity and Utility of Alternate Predictors of Job Performance），美國心理期刊第九六期第一卷（一九八四年七月）：頁七二—九八。

約翰・杭特，〈認知能力、認知特性、工作知識和績效表現〉（Cognitive Ability, Cognitive Aptitudes, Job Knowledge, and Job Performance），職業行爲期刊第二九期（一九八六年）：第三四〇—三六二頁。

約翰・科特（John Kotter），〈總經理到底該有哪些有效作爲〉（What Effective General Managers Really Do），哈佛商業評論一九九九年三月。

約翰・梅耶（John D. Mayer）和彼得・沙拉維（Peter Salovey），〈情緒智商的價值〉（The

Value of Emotional Intelligence），智商期刊第一七期第四卷（十一十二月）：第四三三一四四二頁。

約翰·凱爾斯壯（John Kihlstrom）和蘭茜·康托爾（Nancy Cantor），〈社會智商〉（Social Intelligence），摘自《智商手冊》，羅伯·史登堡（Robert Sternberg），英國劍橋大學出版社，二〇〇〇年。

韋夫寧（R. Revlin）、里凡（V. Leirer）、殊揚普（H. Yopp）和亞揚普（R. Yopp），〈正式推理中的信念偏見效果：知識在邏輯上的影響〉（The Belief Bias Effect in Formal Reasoning: The Influence of Knowledge on Logic），記憶和認知期刊第八期（一九八〇）：第五八四一五九二頁。

韋恩·柏尼（Wayne Payne），〈情緒研究：發展情緒智商、自我整合、和有關恐懼、痛苦和渴求等因素〉（A Study of Emotion: Developing Emotional Intelligence; Self-Intergration; Relating to Fear, Pain, and Desire），國際博碩士論文摘要期刊第四七期（一九八五年）：第二〇三頁。

席尼·芬克斯坦（Sydney Finkelstein），《從輝煌到湮滅》。商智，二〇〇四年。

桑戴克（Thorndike, E.L），〈智商及其評估工具：一部評論集〉（Intelligence and Its Measurement: A Symposium），美國教育心理期刊第一二期（一九二一年三一五月份）。

馬克·安達遜（Mark R. Anderson, M.D），〈壞血病的短暫歷史〉，「灰沙燕學術網站中壞血病報導」（http://www.riparia.org/scurvy_hx.htm）。

馬克思・韋伯（Max Weber），《經濟與社會》第一卷，一九二五年出版，第二四一頁，羅特（G. Roth）和維德治（C. Wittich）編著，貝密尼斯特出版社、一九六八年。

基夫・哈蒙德斯（Keith H. Hammonds），〈如何打出比恩的球風〉（How to Play Beane Ball），高速企業雜誌、二〇〇三年五月。

梅耶（J. Mayer）、彼得・沙拉維（Peter Salovey）、大衛・卡羅素（David Caruso），〈情緒智商的競爭模式〉（Competing Models of Emotional Intelligence），刊於《人類智商手冊》第二版，羅伯・史登堡（Robert Sternberg）等著，英國劍橋大學出版社、二〇〇〇年。

理查・梅耶（Richard Mayer）、彼得・沙拉維（Peter Salovey）、羅伯・史登堡（Robert Sternberg）、洛特利（J. Loutrey）、路伯特（T. Lubart）和大衛・卡羅素（David Caruso），〈情緒智商模式〉（Models of Emotional Intelligence），摘自《智商手冊》，羅伯・史登堡等著，英國劍橋大學出版社、二〇〇〇年。

理查・赫恩斯坦（Richard Hernstein）、雷蒙・歷克遜（Raymond Nickerson）、瑪嘉麗妲・山齊斯（Margarita de Sanchez）和約翰・史域斯（John Swets）著，〈教導思考力技能〉（Teaching Thinking Skills），美國心理學會期刊第四一期（一九八六年十一月）。

麥可・斯克里文（Michael Scriven），《邏輯推理》（*Reasoning*），麥格羅希爾出版公司、一九七六年。

麥可・斯克里文，《評量索引字典》（*Evaluation Thesaurus*），塞治出版社、一九九一年。

麥可・路易斯（Michael Lewis），《魔球》。早安財經、二〇〇五年。

麥金塔許（N.J.Mackintosh），《智商測驗與人類智商》（*IQ and Human Intelligence*），英國牛津大學出版社、一九九八年。

傑伊・康格（Jay Conger）和拉賓德拉・迦南高（Rabindra Kanungo），《組織中的魅力領導》（*Charismatic Leadership In Organizations*），塞治出版社、一九九八年。

傑伊・康格，〈馬克思・韋伯的魅力領導的概念：對組織研究的影響〉（Max Weber's Conceptualization of Charismatic Authority: Its Influence on Organizational Research），美國領導力季刊第四期（一九九三年四月）：第二八二頁。

傑克・威爾許（Jack Welch）與約翰・布萊恩（John Byrne），《jack ——20世紀最佳經理人，第一次發言》。大塊文化、二〇〇一年。

傑瑞米・坎貝爾（Jeremy Campbell），《似不可信的機器》（*The Improbable Machine*），塔奇斯通出版社、一九九〇年。

傑魯得・馬修斯（Gerald Matthews），莫瑟斯・塞德納（Moshe Zeidner）、理查・羅伯斯（Richard Roberts），《情緒智商》（*Emotional Intelligence*），美國麻省理工學院出版社、二〇〇二年。

凱倫・珍恩（Karen Jehn）和凱斯・魏格特（Keith Weigelt），〈反射性與合宜的決策：從東西方不同角度切入〉(Reflective Versus Expedient Decision Making: Views from East and West)，摘自《華頓商學院的決策研究》(*Wharton on Making Decisions*)，史提芬・霍克(Stephen Hoch)和霍華・康如瑟(Howard Kunreuther)，約翰威立父子出版公司，二〇〇一年。

提姆・凡・吉爾德(Tim van Gelder)和梅蘭妮・比塞特(Melanie Bissett)，〈在非正式推理中開發才華〉(Cultivating Expertise in Informal Reasoning)，加拿大實驗心理學期刊第五八期(二〇〇四年六月)：第一四二—一五二頁。

斯特凡・莫托韋羅(Stephan J. Motowidlo)、蓋瑞・卡特(Gary W. Carter)、馬文・杜納德(Marvin D. Dunnette)和南茜・提朋斯(Nancy Tippins)，〈結構性行爲面談研究〉(Studies of the Structured Behavioral Interview)，美國應用心理期刊第七七期第五卷(一九九二年十月)：第五七一—五八七頁。

萊奈爾(B. Leuner)，〈情緒智商和解放〉(Emotional Intelligence and Emancipation)，Praxis der Kinderpsychologie und Kinderpsychiatrie 期刊第一五期(一九六六年)：第一九六—二〇三頁。

愛德華・吉塞力(Edwin Ghiselli)，〈聘僱面談有效性〉(The Validity of Personnel Interviews)，美國人事心理學期刊第一九期第四卷(一九六六年)：第三八九—三九四頁。

愛德華・羅素(J. Edward Russo)和保羅・舒密克(Paul Schoemaker)，《贏家決策》

（*Winning Decision*），雙日出版社、二〇〇二年。

詹姆・柯林斯（Jim Collins）和傑瑞・波瑞斯（Jerry Porras），〈建構企業願景〉（Building Your Company's Vision），哈佛商業評論一九九六年九月。

詹姆・柯林斯，《從A到A＋》。遠流、二〇〇二年。

詹姆・柯林斯，〈第五級領導：謙沖爲懷的勝利和強勢解決爭端〉（Level 5 Leadership: The Triumph of Humility and Fierce Resolve），哈佛商業評論二〇〇一年一月。

賈斯汀・克魯格（Justin Kruger）、大衛・唐寧（David Dunning），〈平凡庸才和他沒察覺到的〉（Unskilled and Unaware of It），美國人格和社會心理學期刊第七七期第六卷（一九九九年）：第一一二一—一一三四頁。

賈斯汀・孟吉斯（Justin Menkes），〈結構性面談實際在評量些什麼？一項建構效度的研究分析〉（What Do Structured Interviews Actually Measure? A Construct Validity Study），國際論文摘要期刊：部分B：科學與工程，第六三期第三卷B（二〇〇二年九月）。

賈斯汀・波特・斯圖爾特（Justin Potter Stewart）大法官〈美國最高法院有關傑克包尼斯俄亥俄判決文第三七八頁，美國最高法院判決文第一八四號（一九六四年）〉。

雷夫・華格納（Ralph Wagner），〈聘僱面談：重點摘要〉（The Employment Interview: A Critical Summary），美國人事心理學期刊第二期、一九一五年十月二日。

漢普頓・塞德斯（Hampton Sides），《魔鬼戰士》（*Ghost Soldiers*），第一安克出版社、二

○○一年。

穆瑞・巴力克（Murray R. Barrick）和麥可・蒙特（Michael K. Mount），〈五大人格特質和工作績效：後設分析〉（The Big Five Personality Dimension and Job Performance :A Meta-analysis），美國人事心理學期刊第四四期第一卷（一九九一年春季號）：第一－二六頁。

賴瑞・包熙迪（Larry Bossidy）和瑞姆・夏藍（Ram Charan），《執行力》。天下文化，二○○三年。

霍華德・迦登勒（Howard Gardener），《超越教化的心靈》。遠流，一九九五年。

戴維斯（M. Davies）、史坦高夫（L. Stankov）、羅伯斯（R. Roberts），〈情緒智商：尋求難以捉摸的構造〉（Emotional Intelligence: In Search of an Elusive Construct），美國人格和社會心理學期刊第四四期（一九九八年）：第一一三－一二六頁。

黛安・賀爾本（Diane Halpern），〈全方位教導批判性思考〉（Teaching Critical Thinking for Transfer across Domains），美國心理學期刊，一九九八年四月，第四五五頁。

羅（M. Rowe），〈把等候時間和獎勵視爲工具變數：它們對語言、邏輯和掌控命運的影響〉（Wait Time and Rewards as Instrument Variables: Their Influence on Lauguage, Logic and Fate Control），美國科學教導研究期刊第一一期（一九七四年）：第八一－九四頁。

羅伯・史登堡（Robert Sternberg），喬治・弗斯特（George Forsythe），珍妮佛・荷德倫（Jennifer Hedlund），約瑟夫・霍爾瓦（Joesph Horvath），理查・華格納（Richard Wagner），

溫蒂・威廉斯（Wendy Williams），史葛・史諾克（Scott Snook）、艾蓮娜・葛里歌倫科（Elena Grigorenko），《每日生活的實用智慧》(*Practical Intelligence in Everyday Life*)，英國劍橋大學出版社、二〇〇〇年。

羅伯・史登堡、法拉利（M. Ferrari）、昆肯伯特（P. Clinkenbeard）、艾蓮娜・葛里歌倫科，〈特殊兒童的教學、鑑定和評估：三元理論的建構效度〉（Identification, Instruction, and Assessment of Gifted Children: A Construct Validation of a Triarchic Model），特殊兒童季刊，第四〇期：第一二九—一三七頁。

羅伯・史登堡，《成功的智商》。平安文化、一九九七年。

羅伯・史登堡，《超越智商》（*Beyond IQ*），英國劍橋大學出版社、一九八五年。

羅伯・史登堡、法拉利、昆肯伯特、艾蓮娜・葛里歌倫科，〈性向與處理交互作用的三元理論分析〉（A Triarchic Analysis of an Aptitude-Treatment Interaction），歐洲心理學評量期刊第一五期（一九九九年）：第一—一一頁。

羅伯・史華茲（Robert Swartz）、伯金斯（D. N. Perkins），《教導思考：議題與方法》（*Teaching Thinking: Issues and Approaches*），中西出版社、一九九〇年。

羅伯・甘迺迪（Robert Kennedy），《驚爆十三天》（*Thirteen Days*），諾頓出版社、一九七一年。

羅伯・艾德（Robert Eder）、蜜雪兒・克馬爾（K. Michele Kacmar）、傑魯得・費瑞斯（Gerald

Ferris)，〈聘僱面談研究‧‧歷史綜合報告〉(Employment Interview Research: History and Synthesis)，刊於《聘僱面談》(*The Employment Interview*)，由羅伯‧艾德和傑魯得‧費瑞斯合著，塞治出版社、一九八九年。

羅伯‧侯斯(Robert J. House)，〈一九七六年魅力領袖理論〉(A 1976 Theory of Charismatic Leadership)，刊於《領導‧‧創新尖端》(*Leadership: The Cutting Edge*)，亨特 (J. G. Hunt) 和拉森 (L. L. Larson)，美國南伊利諾大學出版社、一九七七年。

羅伯‧蘭格特 (Robert Langreth)，〈諾華製藥再現生機〉(Reviving Novartis)，富比士雜誌二〇〇一年二月五日。

致謝

麥可・曼恩（Michael Mann）：他爲這本著作所作出的重大貢獻，我謹致上十二萬分的謝意。麥可是一位文采非凡的天才。如果沒有他的傾力協助，我根本不會考慮出版這本書。

美國史賓塞史都華企管顧問公司（Spencer Stuart）的同事：我對自己能夠與這些一流人才共事感到無比光榮。在這裡，個人特別衷心感謝湯姆・奈夫（Tom Neff），丹尼斯・克雷（Dennis Carey），約翰・伍德（John Wood）和喬・博庫茲（Joe Boccuzi）等人的殷切包容和全力投入。

波伯・戴蒙（Bob Damon）：十分感謝他對我的信任，也十分慶幸有他這樣一位眞心朋友。在我的職業生涯中，鮑伯更爲我創造了許多成長的機會。

瑞夫・沙嘉林（Rafe Sagalyn）：誠摯感謝他那不可思議的直覺本能，和令人難以置信的能力，讓這本書呈現在各位面前。我根本無法找到像他那麼傑出的叢書經紀代理人。

瑪莉安・萬里基亞（Marion Maneker）：他在出版業裡早已享負盛名，能和他合作無疑是我個人的一大榮幸。

國家圖書館出版品預行編目資料

主管智商／賈斯汀・孟吉斯（Justin Menkes）作；
唐錦超譯. －－初版. －－
臺北市：大塊文化，2006【民 95】
面；　公分. －－（touch；45）
參考書目：面
譯自：Executive Intelligence: What All Great Leaders Have
ISBN 978-986-7059-33-8（平裝）

1. 領導論

494.2　　　　95014129

105 台北市南京東路四段25號11樓

廣　告　回　信
台灣北區郵政管理局登記證
北台字第10227號

大塊文化出版股份有限公司　收

請沿虛線撕下後對折裝訂寄回，謝謝！

地址：□□□ ＿＿＿＿＿市／縣＿＿＿＿＿鄉／鎮／市／區
＿＿＿＿＿路／街＿＿＿段＿＿＿巷＿＿＿弄＿＿＿號＿＿＿樓
姓名：

大塊 LOCUS 文化

編號：TO045　書名：主管智商

大塊文化 LOCUS 讀者回函卡

謝謝您購買這本書，爲了加強對您的服務，請您詳細填寫本卡各欄，寄回大塊出版 (免附回郵) 即可不定期收到本公司最新的出版資訊。

姓名：________ 身分證字號：________ 性別：□男 □女

出生日期：____年____月____日 聯絡電話：________

住址：________

E-mail：________

學歷：1.□高中及高中以下 2.□專科與大學 3.□研究所以上

職業：1.□學生 2.□資訊業 3.□工 4.□商 5.□服務業 6.□軍警公教
7.□自由業及專業 8.□其他

您所購買的書名：________

從何處得知本書：1.□書店 2.□網路 3.□大塊電子報 4.□報紙廣告 5.□雜誌
6.□新聞報導 7.□他人推薦 8.□廣播節目 9.□其他

您以何種方式購書：1.逛書店購書 □連鎖書店 □一般書店 2.□網路購書
3.□郵局劃撥 4.□其他

您購買過我們那些書系：

1.□touch系列 2.□mark系列 3.□smile系列 4.□catch系列 5.□幾米系列
6.□from系列 7.□to系列 8.□home系列 9.□KODIKO系列 10.□ACG系列
11.□TONE系列 12.□R系列 13.□GI系列 14.□together系列 15.□其他

您對本書的評價：(請填代號 1.非常滿意 2.滿意 3.普通 4.不滿意 5.非常不滿意)

書名____ 內容____ 封面設計____ 版面編排____ 紙張質感____

讀完本書後您覺得：

1.□非常喜歡 2.□喜歡 3.□普通 4.□不喜歡 5.□非常不喜歡

對我們的建議：________

____

____

LOCUS

LOCUS

LOCUS

LOCUS